LES CINQ LIVRES DES
ZETETIQVES DE
FRANCOIS VIETTE.

MIS EN FRANCOIS, COMMENTEZ ET augmentez des exemples du Poristique, & Exegetique, parties restantes de l'Analitique.

Soit que l'Exegetique, soit traitté en Nombres ou en Lignes.

Par I. L. sieur de VAVLEZARD Mathematicien.

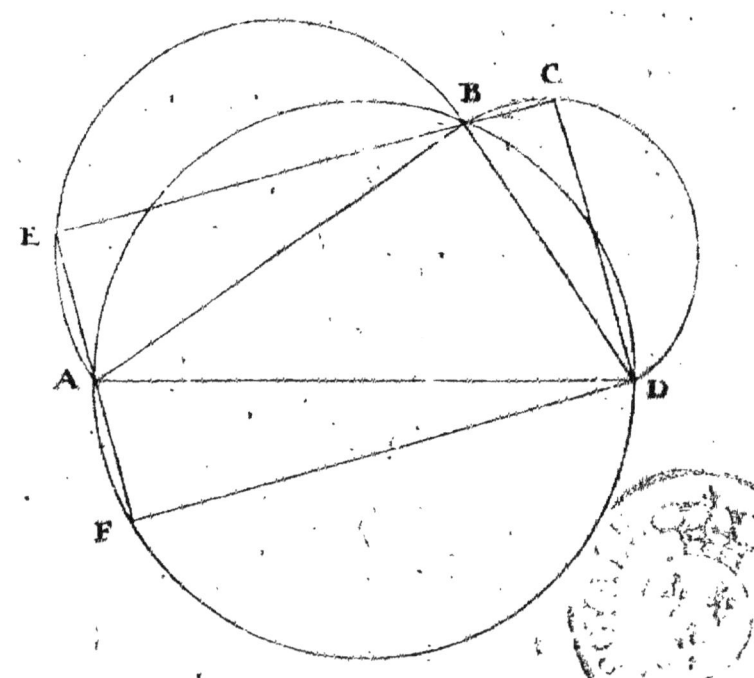

A PA IS.
Chez IEAN D'HOVRY, au bout du Pont-neuf, sur le Quay des RR. PP. Augustins, à l'Image S. Iean.

August. Dioe. Par.

A MONSIEVR

MONSIEVR DE

BEAVGRAND.

ONSIEVR,

Voulant faire voir la lumiere à ce liure & le donner au public, i'ay creu deuoir imiter ceux, qui en de pareilles occasions font élection d'vn homme: dont le nom posé au frontispice de leur œuure, les authorise: Differant neantmoins au sentiment de la pluspart d'iceux, qui n'ont égard qu'à la grandeur & à

la qualité releuée de celuy, auquel ils
dedient leurs ouurages, sans se sou-
cier s'il est capable de iuger de la valeur du present. Et c'est cette raison qui m'a fait vous choisir parmy
tant de beaux esprits : dont nostre
France est honorée, pour vous offrir
les cinq liures des Zetetiques de feu
Monsieur Viette, & ce d'autant
plus volontiers, que ie sçay combien
la memoire de ce diuin personnage
vous est chere, & par consequent, vous
n'aurez pas des-agreable d'en prendre la protection. Mais à qui les
eusse-ie pû mieux adresser qu'à vous,
MONSIEVR, qui non seulement
auez vne cognoissance tres-parfaite
de l'Analitique, Mais qui encores
possedez si absolument toutes les autres parties des Mathematiques, que

ſi l'on doit eſperer de voir ces belles ſciences reſtituées au point où elles ont autrefois eſté, on a grand ſuiet de croire que ce ſera par voſtre ſeul moïé. Receuez donc, s'il vous plaiſt, de bon œil cette offre, auec celle que vous fait de ſon tres-humble ſeruice,

MONSIEVR

Voſtre tres-humble & affectionné ſeruiteur I. L. de VAVLEZARD.

ADVERTISSEMENT
AV LECTEVR.

*Y*ANT recogneu l'œil duquel tu as receu l'Introduction en l'art Analitic, i'ay esté obligé de m'aquiter de ce que i'auois promis, & te faire voir ses cinq liures des Zetetiques, qui viennent d'vn mesme Autheur que l'Introductiõ, i'ay accõmodé cette traductiõ d'vne façõ séblable à l'autre, tu trouueras ce qui est de l'autheur en lettre Italique; les cõmentaires de lettres Romaine: Il y a quelque chose de l'autheur, qui n'estát qu'en peu de discours, i'ay dauantage estendu, comme les Exegetiques en Nombres, que i'ay mis de mesme lettre

que mes commentaires, pour ne les ré-
dre difformes par la diuersité de cara-
cteres. Outre ce que Monsieur Viette
a fait en ce traité, qui discourt seulement du Zetetique, i'ay adjousté la 2ᵉ.
& 3ᵉ. partie de l'Analise : sçauoir, le
Poristique & Exegetique, traitant l'E-
xegetique tant selon les Nombres que
Lignes ; c'est à dire, emploiát son office pour la solution des Zetetiques pro-
posés, & en la Geometrie & en l'Arithmetique , qui est son accomplisse-
ment. I'eusse attendu à te donner ce
traicté apres les notes, n'eust esté que
quelque enuieux de mon labeur, bien
que petit, se vante d'escrire côtre moy,
& me reprédre d'auoir osé te faire cognoistre le nó, & les œuures de nostre
Autheur : mais craignant qu'il n'eust
assez de matiere dans ma version de
l'Introduction, i'ay fait auancer cecy

pour suppléer à ce qu'il luy deffau-
droit pour groſſir ſon volume. At-
tendant le reſte des œuures de Mon-
ſieur Viette, reçois celles-cy, & fais-
en iugement ſelon ton ſens, & ſelon
la verité. A Dieu.

LE PREMIER

LIVRE DES ZETETIQVES
DE FRANCOIS VIETE.

ZETETIQVE I.

 STANT donnée la difference de deux coftez, & l'aggregé d'iceux; trouuer les coftez.

Soit donnée la diference des deux coftez B. l'aggregé d'iceux D. il faut trouuer les coftez.

Soit le moindre cofté A. le maieur fera A+B. donc la fomme des coftez fera 2A+B: Mais la mefme eft donnée D; parquoy 2A+B font egaux à D, laquelle equatiõ eft reduite par l'Antithefe de B fous cõtraire affection de figne, en 2A egaux à D—B, & le tout eftant diuifé par 2; A fera eſgal à $\dfrac{D-B}{2}$

B foit 40. D 100. A vaudra 50—20. ceft 30. & A+B 70. leur fomme 2A+B, 100. leur diference 40, conforme au requis.

On foit le maieur cofté E. donc le moindre fera E—B

B

partant l'aggregé des coftez 2 E—B : mais D eft pofé pour
le mefme aggregé; donc 2E—B font egaux à D, laquelle
equation ce reduict par addition de B, en 2 E egaux à
D+B, puis prenant la moitié du tout; E fera egal à $\frac{D+B}{2}$.

Parquoy E vaudra 70. E—B, 30. defquels la diference eft 40. & la fomme 100.

Donc eftant donnée la difference des coftez & l'aggregé d'iceux ; on trouuera les coftez.

THEOREME.

*La moitié de l'aggregé des coftez, plus ou
moins la moitié de leur diference, eft
egale au maieur ou mineur cofté.*

EN LIGNES.

DAutant que les folutions des Zetetiques pro-
pofez par l'autheur font generales tant pour la
quantité continuë que difcrete, c'eft à dire qu'elles
s'étendent des chofes propofées en lignes & en nombres; nous donnerons l'inuention de trouuer la chofe
requife lors qu'elle fera propofée en lignes, tout ainfi
que nous l'auons donnée en nombre, de cefte forte.

Soit l'aggregé
de deux coftez la
ligne AB & la di-
feréce C. &c. par
la confequence

tirée du Zetetique la moitié de la fomme de AB &C
fera le maieur, & la moitié de leur diferences le mineur; Donc fi la ligne eft prolongée iufques en E, de
forte que BE foit egale à C, & que AE foit diuifée
en deux egalement au point F, les coftez requis feront AF maieur, & FB mineur.

Que cela foit il eſt euident; puiſque A E eſt
egale à AB & C & quelle eſt diuiſée en deux egalement au point F ; car AF difere de FB, en BE
egale à C diference des coſtez, & la ſomme d'iceux
eſt AB &c.

SCHOLIE.

Il conuient remarquer en ce lieu, que ce Zetetique comme auſſi la plus part des ſuiuans, ſe peuuent
non ſeulement apliquer à deux grandeurs ayans longueur ſeulement, comme ſont les coſtez : Mais ge-
neralement à toutes autres grandeurs, pourueu que
la ſomme & la diference propoſée ſoient de meſme
genre, ſoit que la queſtion ſoit faite de plans, ſolides,
plans plans, &c, Car ſi B plan eſtoit propoſé pour
diference de deux plans & D plan ſomme d'iceux ;
lors poſant ce moindre, A plan. Le meſme A plan ſeroit egal à $\frac{Dp - Bp}{2}$ comme deſſus : pareillement po-

ſant Ep le majeur, E plan ſeroit egal à $\frac{Dp + Bp}{2}$,

& la meſme choſe s'enſuiuroit aux ſolides, plansplans
&c. i'ay dit pourueu que l'aggregé & difference propoſée ſoient de meſme genre : d'autant que les grá-
deurs hetereogenes ne peuuét eſtre cóparée les vnes
aux autres, ny encore moins adjouſtées. Or les grandeurs ſont dites de meſme genre quand elles ſont en
pareil degré de comparaiſon des grandeurs, comme
Exemple, D ſolide & B cube ſont dis eſtre de meſme
genre, pour eſtre en pareil & égal degré de comparaiſon du genre des grandeurs : ſçauoir au troiſiéme.
Ainſi D quarré—quarré & B plan—plan, ſont de
meſme genre pour eſtre chacun au quatriéme degré

de l'efchelle de comparaifon. Les grandeurs hetereogenes ou de diuers genres font celles lefquelles ne
font en pareil degré de comparaifon, comme B plan
& D folide font hetereogenes; d'autant que l'vne ce
rencontre au deuxiefme degré, & l'autre au troifiéme, & ainfi des autres. Pour conceuoir ce qui eft dit
de la comparaifon des grandeurs. Faut veoir le troifiéme Chap. de l'introduction.

ZETETIQVE II.

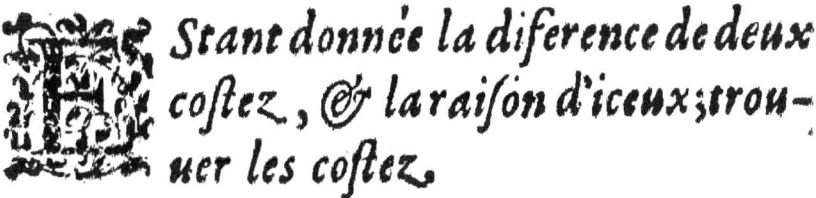

Stant donnée la diference de deux
coftez, & la raifon d'iceux; trouuer les coftez.

Soit B la diference donnée entre les coftez, la raifon du
mineur cofté au majeur, comme R à S. Il faut trouuer les
coftez,

Le mineur cofté foit A; donc le majeur fera A+B; parquoy A eft à A+B côme R à S. laquelle Analogie eftât refo
luë a egalité par le produit des moyens R & A+B, & celuy des extremes S & A, en SA egal à RA†RB, & par
trâslation fous figne côtraire de RA, RB fera égal à SA—
RA, le tout eftant diuifé par S—R, $\dfrac{RB}{S-R}$ fera égal à A.

D'où s'enfuit par la côftitution de cefte equation en proportion, que S—R fera à R comme B à A.

Sy B eft pofé 12. S 3. R 2. $\dfrac{RB}{S-R}$ fera 24. pour la valeur de A & A + B, 36. dont la diference est 12. & la raison comme 2 à 3 selon le Requis.

Item soit le majeur costé E, le mineur costé sera E—B; donc comme S à R ainsi E à E—B. Laquelle Analogie estant resoluë en égalité par le produit des extremes SE—SB égal au produit de moyens R E. Et par translation conuenable SE—RE egal à SB. partant S—R sera S comme B à E. *

Parquoy E est 36. sçauoir le quatriéme terme proportionné à 3—2, 3. & 12. E—B 24. qui sont les costés, desquels la difference est 12. & la raison comme 3 à 2.

Donc estant donnée la difference de deux costez, & la raison d'iceux; on trouuera les costez.

THEOREME.

Comme la difference des costez semblables, est au majeur ou mineur costé semblable, ainsi la difference des vrays costez, au majeur ou mineur vray costé.

EN LIGNES.

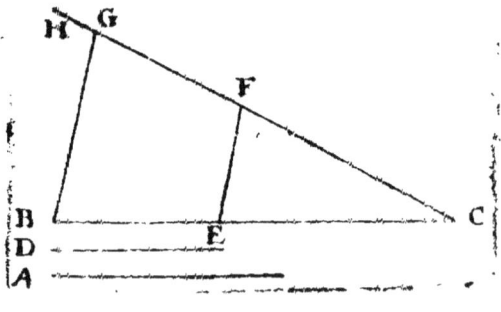

LA difference des costez soit A & la raison du majeur au mineur, comme BC à D. soit retranchée de BC la ligne BE egale à D: puis au point C tirée vne ligne

droite infinie C H, fur laquelle ayant pris C F égale
à A, & conjoints E & F, s'y du point B & menée la ligne B G parallele à E F, coupant C H en G; les coftez requis feront G C, G F.

Car ils different entr'eux de la ligne F C égale à A,
& leur raifon eft comme B C à E F; c'eft à dire B C
à D. Eucl. l, 6. p. 2. & 4. ce qui eftoit propofé.

SCHOLIE.

* CEfte Analogie eft engendrée par la deduétió
des deux parties de l'equation chacune en
deux coftés, defquels elles font faites & produites par
la multiplication: d'autant que S E—R E. & S B font
deux Rectangles produits, l'vn: fçauoir S E—R E de
S—R par E; l'autre qui eft S B des coftez S & B. &
partant par la quatorziéme prop. du fixiéme d'Eucl.
Ils auront les coftez reciproques, c'eft à dire que S
—R fera à S comme B à E, de la mefme façon l'on entendra eftré cóftituées cy-apres toutes les égalitez
en Analogies, par la deduétió des coftez fous lefquels
les parties de l'equation font contenues, en les efta-
bliffant reciproques les vns aux autres.

Or des Analogies tirées des deux equations de
ce Zetetique s'enfuit que fi quatre grädeurs font proportionnelles , auffi elles feront proportionnelles
eftant diuifées. Car par la derniere partie, S eft
à R comme E à E—B, or en diuifant S—R eft premier terme R fecond. B troifiefme & E—B quatriefme: Mais S—R eft à R comme B à E—B c'eft à
dire à A; partant les grandeurs proportionnelles,
eftant diuifées feront auffi proportionnelles , ce
qu'il falloit noter.

ZETETIQVE III.

EStant donnée la somme des costez, & la raison d'iceux; trouuer les costez.

Soit la somme des costez, G. & la raison du mineur au maieur comme R à S. Il faut trouuer les costez.

Le moindre costé soit A. donc le maieur sera G—A. Parquoy A est à G—A comme R à S. laquelle Analogie estant resoluë. SA sera esgal à RG—RA. Et la translation faicte selon les preceptes: sçauoir adioustant RA à chasque partie de l'equation, SA+RA sera egal à RG, d'où vient que comme S+R sera à R ainsi G à A.

Sy G est posé valoir 60, R 2. S 3. A vaudra 24 quatriesme proportionnel à 3+2. 2 & 60 G—A. 36. dont la somme est 60. & la raison comme 2 à 3. suiuant le proposé.

On le maieur costé soit E, le mineur costé sera G—E. donc comme S à R ainsi E à G—E. laquelle Analogie, estant resoluë, RE sera egal à SG—SE. Et la translation estant faicte selon l'art, par la commune adition de SE, SE+RE sera egal à SG. parquoy comme S+R sera à S, ainsi G à E.

Partant le quatriesme proportionnel à 3+2. 3 & 60 lequel est $\dfrac{180}{3+2}$, c'est à dire 36, est egal à E. & G—E est faict 24. dont la somme est 60, & la raison comme 3 à 2.

Donc estant donnée la somme de deux costez, & leur raison; on trouuera iceux.

THEOREME.

Comme la somme des deux costez sem-blables, est au maieur ou mineur costé semblable, ainsi la somme des vrays costez, au maieur ou mineur vray costé.

EN LIGNES.

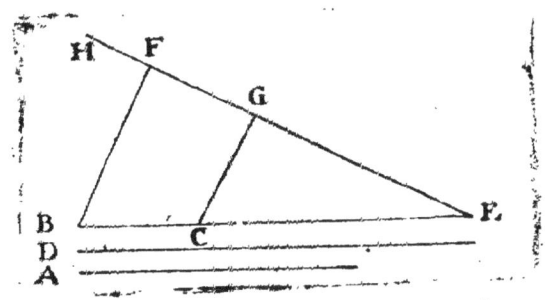

L'aggregé des costez soit A, & la raison d'i-ceux, comme B C à D. soit prolongée BC iusques en E, de sorte que C E soit egale à D. Et du point E tiree la ligne droite E H sur laquelle soit prise E F, egale à A: en apres du point B au point F soit ti-ree la ligne droite B F à laquelle soit faite parallel-le C G, coupant E F en G; & les costez requis se-ront F G, G E.

La raifon eft que leur fomme qui eft F F eft
egale à A & leur raifon eft comme BC à CE, c'eſ
à dire BC à D ce qui eſtoit propofé.

S C H O L I E.

De ce Zetetique lon peut inferer le contraire du precedent, ſçauoir que quatre grandeurs e-
ftans proport. Sy elles font compofées, elles feront auffi proportionnelles, dautant que puis qu'il
eft conftant que R eft à S, côme A à G—A, en côpo-
fant le premier terme fera S+R, le deuxiefme S, le
troifieme G, & le quatriefme G—A: mais S+R eft à
S comme G à E ou G—A ; & partant S+R, R. G &
G—A termes compofez des quatre proportionnelles R à S comme A à G—A feront auffi proportionnelles.

1.　Tous tels efpeces de Theoreme tirez de la folution des Zetetiques font inferez par la difpofition
de l'equation, ou analogie prouenante d'icelle par
la fimple ou double operation felon les chofes re-
quifes. Et eft à remarquer que ce que l'Autheur
appelle coftés femblables tant en ce Zetetique
qu'aux fuiuans font les coftés donnés pour def-
finir & fignifier la raifon des vrays coftés
que lon cherche lors que leur fomme ou difference eft donnée , ou bien la raifon que la
grandeur ou grandeurs données ont auec les re-
quifes , & font dits femblables à la diference des
vrays : d'autant qu'il ne font que la femblance des
autres pour n'auoir rien de commun entr'eux finon la raifon ou proportion qu'ils ont femblable : de mefme que les coftés de deux triangles

C

femblables, font dits femblables non pour eftre é-
gaux, mais pour correfpondre les vns aux autres,
& eftre proportionnaux auec ceux aufquels ils
conuiennent.

ZETETIQVE IIII.

Stants donnés deux coftés defaillans d'vn troifiefme cofté,
auec la raifon des deffauts; trouuer le troifiefme cofté.

soient les deux coftés donnés deffaillans d'vn troifiefme, le premier B, le fecond D, & la raifon du deffaut
du premier au defaut du deuxiefme comme R à S. il
faut trouuer le troifiefme cofté.

Le defaut du premier foit A, donc le troifiefme cofté fera B+A: mais pour autant que R eft à S, comme
A à $\frac{SA}{R}$, le defaut du deuxiefme fera $\frac{SA}{R}$ parquoy; D

+ $\frac{SA}{R}$ fera auffi le troifiefme cofté, & par conféquent

D + $\frac{SA}{R}$ fera egal à B+A, le tout eftant multiplié

par R, DR+SA fera à RB+RA. et l'equation eftant
ordonnée, par la diference prife de chacune des parties
d'icelle auec RB+SA. DR=RB fera egale à RA
=SA.

Parquoy R $=$ S *sera à* R, *comme* D $=$ B *à* A.

Sy B vaut 76. D 4. R 1. S 4. A sera fait égal au quatriesme proport. à 1 $=$ 4. 1. & 4 $=$ 76. lequel est $\frac{4 = 76.}{1 = 4}$ ou 24. $\frac{S A}{R}$ defaut du deuxiesme 96. & le

troisiesme costé B $+$ A ou D $+$ $\frac{S A}{R}$, 100. La raison du defaut du premier 24. au defaut du second 96. comme 1 à 4 ainsi qu'il est requis.

Ou soit le defaut du second E, *donc le troisiesme costé sera* D $+$ E, *mais pour autant que comme* S *est à* R *ainsi* E *à* R E, *le defaut du premier sera* $\frac{R E}{S}$; *parquoy* B $+$ $\frac{R E}{S}$ *sera aussi le troisiesme costé,* & *partant égal à* D $+$ E, *le tout multiplié par* S. DS $+$ SE *sera égal à* BS $+$ R E. *Et l'equation estant ordonnée par translation prise de la diference de chacune des parties d'icelle auec* BS $+$ SE. DS $=$ BS *sera égale à* RE, $=$ SE. *d'où vient que* R $=$ S *sera à* S, *comme* D $=$ B *à* E.

Parquoy, E sera fait égal au quatriesme proport. à 1 $=$ 4. 4 & 4 $=$ 76 lequel est $\frac{16 = 304.}{1 = 4}$ ou 96. le defaut du premier $\frac{R E}{S}$ 24, & le costé ausquels les costés donnés deffaillent D $+$ E, ou B $+$ $\frac{R E}{S}$ 100. la raison de 96, defaut du deuxiesme à 24. defaut du premier comme 4 à 1.

Estant donc donnez deux costez defaillans à vn troisiesme, auec la raison des deffauts; on trouuera le troisiesme.

THEOREME.

Comme la difference des deffauts fem-blables au defaut femblable du premier ou deuxiefme cofté, ainfi la diference des vrays coftés deffaillans (laquelle eft auffi celle des deffauts a *) au vray deffaut du premier ou fecond cofté. Lequel deffaut connuenablement adioufté au cofté auquel il connient eft fait le troifiefme cofté.*

EN LIGNES.

Les deux coftés deffectueux à vn troifiefme foient l'vn A, l'autre B, & la raifon du defaut de A au defaut de B, comme C à D.

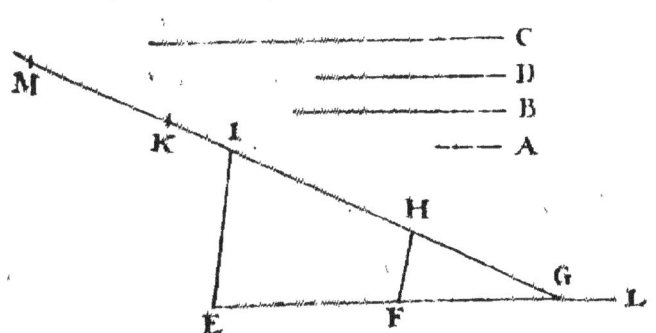

Soit tirée la ligne droite E L, tant grande qu'il
suffise, sur laquelle du point E soient prises E G
EF égalles, à C & D chacune à la siene; en apres
du point G, soit menée la ligne G K, sur laquelle
soit prise G H, égale à la difference de A à B, & tirée FH, à laquelle soit parallelle EI coupant G K
en I. Et les deffauts de A & B au troisiesme costé
seront IL & IH; & partant si GI est prolongée
en sorte que I K & I M soient égales à A & B,
KG & MH seront egales tant entr'elles qu'au troisiesme costé requis à la iuste quantité duquel A & B
deffaillent.

Que cela suiue le sens du Theoreme, cela est
apparent : car FG est à H G, comme E G à IG ;
item EF à IH. Eucl. L 6. p. 2. 4. Mais la difference des deffauts semblables est F G, & la difference
de vrais deffaut GH qui est l'excez des costés deffaillans, E F, E G les deffauts semblables ; partant
par le Theoreme, IH, IG, seront les vrais deffauts
ausquels adjoustés, les égales où à A ou à B donnent
KG où MH pour le troisiesme costé.

Demonstration du Theoreme.

Il est constant que la difference des costés deffaillans est aussi la difference des deffauts d'iceux
au iuste costé A ; or la raison d'iceux est comme EF à
EG, donc par le Theoreme du 2ᵉ. Zet. precedét FG
difference des costés séblables sera à EF ou EG côme
la vraye difference à l'vn ou l'autre des vrays costez :
mais ils ont ceste raison auec I H, I G ; donc IH,
IG seront les vrais costés, c'est à dire les vrays deffauts à chacun desquels adjoustant le costé duquel

ils font les deffauts au troifiefme, la fomme fera le
mefme troifiefme cofté requis.

SCHOLIE.

VNE mefme grandeur eftant coupée en
deux parties, puis la mefme en deux au-
tres parties la difference de l'vne des parties de la
premiere diuifion à l'vne des parties de la feconde
eft égale à la difference des parties reftantes de la
premiere & feconde diuifion, ce qui fait que la
difference des coftez donnez eft ~gale à la difference de leurs defectuofité auec le troifiefme cofté : Car l'vn & l'autre des coftez auec fon defaut eft le troifiefme cofté ; partant ce troifiefme
cofté eft diuifé deux fois en deux parties diferen-
tes : tellement que la difference des deffauts fera
égale à la difference des coftés, que cela foit il ce
montrera facilement
ainfi. La ligne A B foit
le troifiefme cofté de
laquelle foit coupé
AC, égal au premier cofté & AD, au deuxiefme;
partant CB fera le defaut du premier, & DB celuy du
deuxiefme; or la difference de CB, & DB eft CD : mais
la mefme CD eft diference entre AC, & AD; parquoy la difference de AC, AD, fera égale à la difference de leurs defectuofitez ou deffauts qu'ils
ont au cofté AB.

Dans les notes premieres pour le Logiftique,
l'Autheur donne vn Theoreme de la mefme chofe
en la huictiefme propofition.

Ce quatrieſme Zetetique,

Autrement.

Stants donnés deux coſtés moindres qu'vn troiſieſme, auec des la raiſon des defectuoſités; trouuer le troiſieſme coſté.

soient derechef deux coſtés moindres qu'vn troiſieſ-me. Le premier B. Le deuxieſme D.

Eſtant auſſi donnée la raiſon des defauts du premier, au defaut du ſecond, comme R à S. Il faut trouuer le troi-ſieſme coſté.

soit iceluy A donc le defaut du premier ſera A——B & A——D le defaut du deuxieſme; parquoy comme A——B à A——D, ainſi R à S. Laquelle analogie eſtant reſolüe RA——RD ſera égal à SA——SB, & la tranſ-lation faite ſelon l'art SA=RA ſera égale à SB=RD. Et par diuiſion des parties de l'equation par vn commun diuiſeur S=R, $\dfrac{SB=RD}{S=R}$ ſera égal à A.

Sy B eſt 76. D 4. R 1. S 4. A eſt fait 100. A——B, 24. A——D, 96. dont la raiſon eſt comme 1. à 4.

Eſtant donc donnés deux coſtés moindres qu'vn troi-ſieſme, auec la raiſon des defectuoſités, on trouuera le troiſieſme.

THEOREME.

La difference du rectangle contenu sous le premier costé defaillant & le defaut semblable du deuxiesme, au rectangle contenu sous le second costé deffaillant, & le defaut semblable du premier; estant appliquée à la difference des deffauts semblables, engendre le costé requis duquel il est question.

Demonstration du Theoreme par le Poristique.

La verité du theoreme sera renduë palpable, ainsi: la valeur de $\dfrac{SB = RD}{S = R}$ soit F; donc SB = RD sera egale à SF = RF : & quand B est plus grand que D², aussi SB est plus grand que RD & S que R si moindre, moindre : aussi si B est majeur que D soit adiousté à chacune partie —SF+RD, ou si moindre —RF+SB, & restera KF—SB egal à RD —RD; partant S sera à R, comme F—D à F—B: mais F est vn costé commun, lequel excede D & & B majeur & mineur costé & la raison de l'excés, (c'est à dire les deffauts d'iceux au mesme) est comme S à R, raison qui est la mesme que celle des deffauts des costez D & B au troisiesme costé requis; donc F sera le costé requis : Or F est egal à

SB

$SB=RD$; partant $\frac{SB=RD}{S=R}$ fera egal au cofté requis
$\frac{SB=RD}{S=R}$

fuiuant le Theoreme.

SCHOLIE.

2. QVE lors que B fera plus grand que D auffi SB foit maieur que RD, SqueR & au contraire cela fera demonftré ; car puifque vn mefme tout eft diuifé deux fois en deux parties, fçauoir en B & fon deffaut, & D auec le fien, il s'enfuiura que B aura majeure raifon à D que le deffaut de B au 3e. au deffaut de D au mefme, c'eft à dire que R à S ; partant B fera à D comme R à vn moindre que S, ce qui fait que le rectangle SB fera plus grand que RD, S fera auffi plus grand que R puifque le defaut de B qui eft moindre & à celuy de D comme R à S.

Maintenant B eftant moindre que D, auffi SB fera moindre que RD, car D fera plus grand que B, & par confequent, ainfi qu'il a efté demontré, RD fera plus grand que SB. ce qu'il falloit demontrer.

❦❧❦❧❦❧❦❧❦❧❦❧❦❧❦❧

ZETETIQVE V.

Stans donnés deux coftés excedans vn troifiefme cofté, auec la raifon des excés ; trouuer le troifiefme cofté.

Soient donnés deux coftés excedans vn troifiefme cofté, le premier B, le fecond D, foit auffi donnée la raifon de l'excés du premier à l'excés du fecond, comme R D à S. *Il faut trouuer le troisiesme costé.*

L'excés du premier soit **A**; donc **B—A** *sera le troi-siesme costé : mais pour autant que comme* R *est à* S *ainsi* A *à* $\frac{S A}{R}$, *l'excés du second sera* $\frac{S A}{R}$; *Parquoy*

D—$\frac{S A}{R}$ *sera aussi le troisiesme costé, & partant egal à*

B—A. *Le tout multiplié par* R. *donc* **DR—SA** *sera egal à* **BR—RA.** *Et l'equation estant ordonnée par la difference de chacune des parties d'icelle à* **BR—SA,** **DR**═**BR** *sera egal à* **SA**═**RA.**

D'où, comme **S**═**R** *à* **R,** *ainsi* **D**═**B** *à* **A.**

Si **B** vaut 60. **D** 140. **S** 3. **R** 1. **A** est faict qua-triesme proportionnel à 3═1. 1 & 140═60 lequel est $\frac{140═60}{3═1}$ ou 40. l'exces du deuxiesme $\frac{S A}{R}$, 120.

desquels la raison est comme 1. à 3 le troisiesme co-sté **B—A** ou **D—**$\frac{S A}{R}$, 20

Ou, soit l'excés du deuxiesme costé **E.** *Donc le troisies-me sera* **D—E:** *mais pour autant que côme* S *est à* R *comme* E *à* RE, *l'excés du premier costé sera* $\frac{RE}{S}$, *parquoy* **B—**$\frac{RE}{S}$ *sera aussi le troisiesme costé, & par consequent egal à* **D—E.** *Le tout multiplié par* S, **BS—RE** *sera egal à* **DS—SE,** *& l'egalité estant ordonnée par la diference de chacune des parties de l'equation à* **BS—SE; DS**═**BS** *sera egal* **SE**═**RE.**

D'où, **S**═**R** *sera à* S, *ainsi* **D**═**B** *à* **E.**

Partant **E** excés du deuxiesme, est faict egal au quatriesme proportionnel à 3═1, 3, & 140═60; le-quel est $\frac{420═180}{3═1}$, ou 120. l'excés du premier $\frac{RE}{S}$,

40. defquels la raifon & comme 3 à 1. & le troifiefme cofté D—E, ou B—RE, 20.
$$\frac{}{S}$$

Donc eftans donnez deux coftez excedans vn troifief-
me cofté auec la raifon des excés; on trouuera le troifiefme
cofté.

THEOREME.

Comme la diference des excés fembla-
bles à l'excés femblable du premier ou
fecond cofté : ainfi la diference des coftez
excedans (qui eft celle des excés a *) au vray*
excés du premier ou deuxiefme cofté. Le-
quel eftant fouftrait du cofté duquel il eft
excés, eft faict le troifiefme cofté.

L'exegetique en lignes eft femblable à celle du
Zetetique precedent, finon qu'il faut fouftraire en ce
lieu les excés , chacun du cofté auquel il conuient.

SCHOLIE.

a QVE la   A   B   C   D
diferé-
ce des excés
foit la mfme que des coftez excedans , il eft trop euident; car fi AB eft le troifiefme cofté requis le pre-

mier cofté excedant AC; le fecond AD, il eft certain que BC fera l'excés du premier, & BD l'excés
du fecond; la diference defquels eft CD: mais le mefme CD eft auffi diference entre le premier cofté excedant AC & le fecond cofté excedant AD; parquoy
de deux coftez excedans vn mefme cofté la diference
des excés fera egale à la diference des coftez excedans, &c.

Voyez le Theoreme de la neufiefme propofition
des Notes.

AVTREMENT.

Eftans donnez deux coftez excedans vn
troifiefme cofté, auec la raifon des excés;
trouuer le troifiefme cofté.

Soient derechef donnez deux coftez excedans vn
troifiefme, le premier B, le fecond D, & la raifon de l'exces
du premier à l'exces du fecond, comme R à S. Il faut trouuer le troifiefme cofté.

A foit ce troifiefme cofté; donc A—B fera l'exces du premier, & D—A l'excés du fecond. Pourquoy comme B—A
eft à D—A, ainfi R à S. laquelle analogie eftant refolue
par la multiplication des termes extremes, & celle des
moyens d'icelle, en RD—RA égal à SB—SA & la tráf-
lation faite felon les preceptes SA $=$ RA fera égal à SB $=$
RD, le tout eftant diuifé par vn commun diuifeur S $=$ R;

$$\frac{SB = RD}{S = R} \text{ fera égal à } A.$$

Soit B 60. D 140. S 3. R 1. Le troifiéme cofté A

sera fait égal à la difference du rectangle de SB au
Rectangle de R D : c'est à dire 180—140 appliquée
à 3—1 qui est $\frac{180—140}{3—1}$ ou 20. l'exces du premier

40. celuy du second 120; desquels la raison est comme 1. à 3. suiuant le requis.

Estans donc donnez deux costez excedans vn troisiesme,
auec la raison des excés; on trouuera le troisiesme costé.

La difference entre le rectangle sous le
premier costé excedant, & du semblable ex-
cés du second, & le rectangle contenu du se-
cond costé excedant & du semblable excés
du premier, estant appliquée à la difference
des excés semblables ; engendre le troisies-
me costé.

La demonstration de ce theoreme sera faite par
le Poristique en la mesme sorte qu'au Zetetique precedent.

ZETETIQVE VI.

Estans donnez deux costés l'vn estant
moindre, & l'autre maieur qu'vn troi-
siesme costé, auec la raison du defaut du
moindre à l'exces du maieur ; trouuer le
troisiesme costé.

Soient donnez deux costés, l'vn B moindre defaillant à vn troisiesme, l'autre D excedant iceluy, soit aussi donnée la raison du defaut à l'excez, comme R à S. Il faut trouuer le troisiesme costé.

Le defaut soit A; donc le troisiesme costé sera B+A, mais pour autant que R est à S comme A à $\frac{S A}{R}$, l'excés du costé excedant sur le troisiesme costé sera $\frac{S A}{R}$; pourquoy D — $\frac{S A}{R}$ sera aussi le troisiesme costé, & partant égal à B+A.

le tout multiplié par R; donc DR — SA sera égal à BR+RA, & l'equation estant ordonnée par l'adition commune de SA — BR, à chacune des parties d'icelle; RA+SA sera égal à DR — BR.

partant comme R+S sera à R, ainsi D — B à A.

Si B vaut 60. D 180. R 1. S 5. A est le quatriesme terme proportionnel à 1+5, & 1 & 180 — 60, lequel est $\frac{180 — 60}{1 + 5}$ ou 20, l'excés du costé excedant $\frac{S A}{R}$, 100. dont la raison au defaut est comme 5 à 1.

Ou, l'excés soit E donc D — E sera le troisiesme costé. Or dautant que S est à R, comme E à $\frac{R E}{S}$, le defaut par lequel le moindre costé est defaillant au troisiesme sera $\frac{R E}{S}$, pourquoy B+$\frac{R E}{S}$ sera aussi le troisiesme costé; & par consequent égal à D — E. le tout multiplié par S. donc BS+RE sera égal à DS — SE. Et l'égalité estant ordonnée par la commune adition de SE — BS à chacune des parties de l'equation; RE+SE sera égal à DS — BS.

D'où, comme R+S est à S, ainsi D — B à E.

Partant, E fera égal au quatriefme terme proportionnel à 1+5, 5. & 180——60, lequel eft $\frac{900——300}{1+5}$

ou 100. le defaut R E 20. dont la raifon eft à 100. comme 1 à 5.
$\qquad$ S

Eſtant donnés deux coſtez l'vn deffaillant à vn troiſieſ-
me coſté & l'autre excedant iceluy, on trouuera le troiſieſme
coſté.

THEOREME.

Comme l'aggregé du defaut ſemblable
& excés ſemblable, au ſemblable defaut
ou excés, ainſi la vraye diference du coſté
defaillant à l'excedāt (laquelle eſt la ſomme
des vrais defauts & excés[a]*) au vray defaut*
ou excés ; Et en adiouſtant le defaut ou
ſoubſtrayant l'excés ſera fait le troiſieſme.

EN LIGNES.

Soit le coſté deffaillant **A** l'excedant **B** & la raiſon du deffaut à l'excés comme E D à D C; Il faut exi-
ber le troiſieſme coſté.

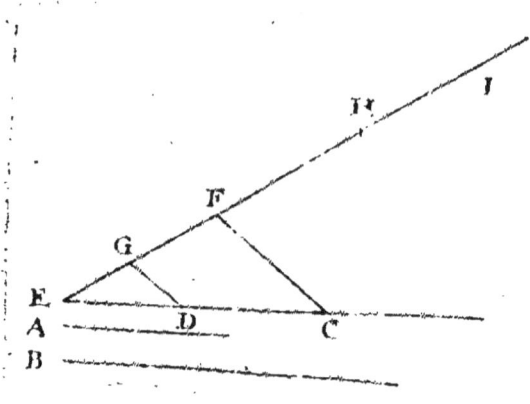

Du point E soit tirée la ligne E I, & sur icelle pris EF égale à l'excés de B sur A: puis conjoints C & F par la ligne CF, à laquelle soit DG paralelle : Finalement faisant FH égale à A, ou EH à B le troisiesme costé sera GH.

Dautant que selon le Theoreme, l'aggregé du deffaut & de l'excés semblable au deffaut ou excés semblable, sera comme la difference des vrais costés deffaillans & excedans au vray deffaut ou excés : Et que CE aggregé de l'excés & deffaut semblable est à CD deffaut ou DE excés semblable, comme F E difference entre le costé deffaillât & l'excedant à FG ou GE; partant GE sera le vray excés & FG le vray deffaut. Tellement que FH estant égale à A ou EH à B; GH sera le troisiéme costé.

Demonstration du Theoreme.

La diference du costé deffaillant A au costé excedant B est la somme du vray deffaut & excés, & la raison d'iceux est comme DE à DC ; partant par le Theoreme du troisiesme Zetetique precedent, prenant le deffaut & excés pour costez, la somme CE sera à DE ou CD, comme FE la somme des vrais costés à GE ou FG vrais costés ; & par consequent le vray excés sera GE & le vray deffaut FG.

SCHOLIE.

a QVe l'excés du costé excedant sur le deffaillant, soit la somme de l'excés & du deffaut cela est apparent, à cause que le costé excedant est le troisiéme costé prolongé de quelque autre, & le deffaillant le mesme troisiesme costé diminuë : tellement que

la

la somme de l'excés & du deffaut sera égale à la difference, du troisiesme costé prolongé au premier diminuë, par le Theoreme de la dixiesme proposition
des nostes, c'est à dire la diference du costé excedant
au deffaillant.

AVTREMENT.

*Estant donnés deux costés l'vn moin-
dre qu'vn troisiesme & l'autre majeur qu'iceluy, ensemble la raison du defaut
du moindre à la iuste quãtité du troisiesme,
à l'excés du majeur sur iceluy costé; trouuer le troisiesme costé.*

Soient derechef donnés deux costés, l'vn B *defaillant à
vn troisiesme, l'autre* D *excedant iceluy, soit aussi donnée
la raison du deffaut à l'excés, comme* R *à* S. *Il faut trouuer le troisiesme costé.*

Ce costé soit A. *donc* A—B *sera le defaut. Et* D—A
l'excés. Pourquoy comme A—B *est à* D—A, *ainsi* R *à* S.
cette Analogie estant resolnë RD—RA *est égal à* SA—
SB. *Et la translation estant faite selon l'art, par l'adition de* RA+SB *aux parties de l'equation;* RD+SB *sera égal à* SA+RA. *Le tout estant diuisé par* S+R

$$\frac{RD-+SB}{S+R} \text{ sera égal à } A.$$

*Estans donc donnés deux costés, l'vn moindre qu'vn
troisiesme, & l'autre maieur qu'iceluy, ensemble la raison
du defaut du moindre de la iuste quantité du troisiesme*

à l'excés du maieur sur iceluy, on treuuera le troisiesme costé.

Sy l'aggregé du rectangle fait du costé excedant par le defaut semblable, & du rectangle produit par l'excés semblable & le costé defaillant, est appliqué à l'aggregé des excés ou defauts semblables; le troisiesme costé sera engendré.

Sy B60. D180. R1. S5. A est fait égal au quotiãt prouenant de la diuision de l'aggregé du Rectangle RD qui est 180. & du Rectangle SB, 300: lequel est 480. par S+R, c'est à dire 6. Lequel quotiant est 80.

Demonstration par le Poristique.

Que $\frac{SD + RB}{S + R}$ soit égal au costé requis, cela ce demôtre ainsi : la valeur de $\frac{RD + SB}{S + R}$, soit F; dõc R--D+SB est égal à SF+RF; & par Anthitese RD—RF égal à SF—SB; ceste égalité constituée en analogie R sera à S, comme F—B à D—F; or pour autant que F est vn costé commun excedant B, & qu'il est excedé par D, & la raison du deffaut de B à iceluy est à l'excés de B sur le mesme F sera trouué suiuant les conditions; & partãt le costé requis : mais F est égal à $\frac{RD + SB}{S+R}$; donc $\frac{RD + SB}{S + R}$ sera aussi le costé requis.

SCHOLIE.

LEs trois derniers Zeteciques monſtrent l'origine de la regle de fauſſe poſition double : Le quatrieſme, celuy ou les grãdeurs ſuppoſées defaillẽt enſembles à la vraye: Le cinquieſme quant les grandeurs ſuppoſées excedẽt; Et le ſixieſme quant l'vne des gãrdeurs deffaut & l'autre excede; Car en telles regles deffaux, touſiours le deffaut eſt au deffaut: l'excés à l'excés; ou le deffaut à l'excés de la cõditiõ ſuppoſée à la requiſe cõme les vrais deffauts, ou excés, ou bien le vray deffaut au vray excés & au cõtraire: or en telles regles les deffauts ou excés ſemblables ſont les grãdeurs conditiõnelles ſuppoſées, leſquelles deffaillẽt ou excedẽt à la condition requiſe; cõme exẽple: En la premiere mode (c'eſt quant les ſuppoſées deffaillent à la vraye) qu'il ſoit requis trouuer vne grandeur de laquelle vne partie eſtant à ſon tout, cõme B à F face H.

Soit la grandeur requiſe D;donc cõme B à F ainſi D à $\frac{B\ F}{B}$ qui ſera la conditionnelle ſuppoſée, laquelle eſtant moindre que H, D grandeur ſuppoſée deffaudra à la vraye: dautãt que la vraye à meſme raiſon à H que B à F, notõs la ſuppoſition de la façon

Suppoſitions.	Deff. de conditions.	
D———————————	H———	DF
		$\overline{B}$
G———————————	H———	GF
		$\overline{B}$

qu'il ce voit. Puis prenons que G ſoit la vraye grandeur que nous cherchons ; donc B fera à F, comme G à $\frac{GF}{B}$, qui deuroit faire H, mais elle eſt moindre, donc G eſt auſſi moindre que la vraye grandeur par la raiſon que deſſus. Cela fait dautant que la grādeur requiſe à meſme raiſon à H que B à F, & que, comme B à F ainſi D à $\frac{DE}{B}$, & G à $\frac{GF}{B}$; il s'enſuit que la grandeur requiſe ſera à H, comme D à $\frac{}{B}$, & G à $\frac{GF}{B}$: & en diuiſant l'excés de la grandeur requiſe laquelle ſoit poſée A, ſur D, au meſme D comme H—$\frac{DF}{B}$ à $\frac{DF}{B}$; & A---G à G comme H---$\frac{GF}{B}$ à $\frac{GF}{B}$; mais D eſt à $\frac{DE}{B}$, cōme G à $\frac{GF}{B}$; donc A—D ſera à H—$\frac{DF}{B}$ cōme A—G à H—$\frac{GF}{B}$; & partant A—D à A—G comme H—$\frac{DF}{B}$ à H--$\frac{GF}{B}$; par conſequent la raiſon des excés de la vraie condition ſur l'vne ou l'autre des conditions ſuppoſées, c'eſt à dire les defauts dés ſuppoſées, eſt meſme que la raiſon des deffauts des grandeurs ſuppoſées à la vraye requiſe.

De la meſme façon ſera demontré les excés en la deuxieſme mode, & les deffauts & exceds conjointement en la troiſieſme.

De là, il s'enſuit que la regle de fauſſe poſition, peut-eſtre reſoluë en deux façons en chacune mode d'icelle, ainſi qu'il paroiſt aux Zeretiques precedēts: l'vne par les excés ou defauts, leſquels ſouſtraits ou adjouſtez, aux ſuppoſés auſquels ils cōuiennent, don-

nent la mesme grandeur requise. Et celle-là est faite par les conditions des premiers Theoremes de 4.
5. & 6. Zetetiques precedents; l'autre par la mesme
grandeur requise, suiuant les seconds Theoremes és
mesmes Zetetiques, nous n'en donnerons aucunes
exemples, dautant que la chose est intelligible de soy
les choses cy-dessus entenduës.

ZETETIQVE VII.

Stant donné vn costé couper iceluy en deux parties, en sorte qu'v-
ne partie du premier segment estant
à son tout en vne raison donnée, adioustée
à vne portion de l'autre segment estant
aussi à son tout en vne raison donnée; face
vne somme prescripte.

Soit le costé donné B qu'il faut couper en deux segmens,
de sorte que vne portion du premier estant à son tout (c'est
à dire au mesme premier segment,) comme D à B, adioustée à vne portion du second estant à son tout comme
F à B, face H.

La portion du premier segment soit A. donc la portion du second sera H——A. Et dautant que D est à B com-
me A à $\frac{BA}{D}$ le premier segment sera $\frac{BA}{D}$: Item F à B

côme H—A à $\dfrac{BH—BA}{F}$, dõc le fecõd fera $\dfrac{BH—BA}{F}$, lefquels

deux fegments font égaux à tout le coflé divifé. Donc
$BA+\dfrac{BH—BA}{D}$ fera égal à B. laquelle égalité eftant

reduite, en multipliant le tout par DF en
$FBA+DBH—DBA$ égal à BDF. Et par le parabol. de B
en $FA+DH—DA$ égal à DF. Et la tranflatiõ eftãt faite côuenablemẽt pofant D majeur que F. DH—FD fera é-
gal à DA—FA. le tout divifé par $\dfrac{D—F\ DH—FD}{D—F}$ fe-

ra égal à A.

partant comme D—F *eft à* H—F, *ainfi* D *à* A.

Soit B 60. D 20. F 12. H 14. A portion du premier fegment laquelle aueo la portion du deuxiefme
doit faire H, eft fait égal au quatriefme proportionnel à 20—12, 14—12 & 20 lequel eft $\dfrac{280—240}{20—12}$

ou 5. Le premier fegment $\dfrac{BA}{D}$ 15. la raifon de 5 por-

tion du premier fegment au mefme fegment 15. eft
telle que D à B, c'eft à dire 20. à 60. Item, le fecond fegment $\dfrac{BH—BA}{F}$ eft 45, fa portion laquelle

auec A doibt faire H, laquelle eft H—A, 9. la raifon de 9. à 45. cõmme F à B. fçauoir 12. à 60. ce qui
eftoit propofé à faire.

On, la portion du fecond conuenable pour faire H foit E.
donc la portion contribuée par le premier fera H—E &
dautant que F eft à B comme E à $\dfrac{BE}{F}$ le fecond fegment fe-

ra $\dfrac{BE}{F}$. Item D à B, ainfi H—E à $\dfrac{BH—BE}{D}$:

le premier ſegment ſera $\dfrac{BH—BE}{D}$, *lequels deux ſegmens*

ſeront égaux à tout le coſté diuiſé. Pourquoy $R\ E + \dfrac{BH—BE}{F\quad D}$

eſt égal à B. laquelle égalité eſtant ordonnée, ſçauoir les parties de l'equation eſtant multipliées en DF, & diuiſées par B puis par conuenable tranſlation poſant D majeur que F. DF—HF ſera égal à DE—FE, puis le tout eſtant diuiſé par D—F; DF—AF *ſera égal à* E.

$$D—F$$

D'où comme D—F *eſt à* D—H, *ainſi* F *à* E.

E portion contribuée par le ſecond ſegment pour faire H eſt fait égal au quatriéme terme proportionnel à 20—12; 20—14 & 12, lequel eſt $\dfrac{240—168}{20—12}$

ou 9. Le ſecond ſegment $\dfrac{B\ E}{F}$ 45. auquel 9 à meſme

raiſon que 12 à 60. Item, le premier ſegment $\dfrac{BH—BE}{D}$

eſt 15 la portion d'iceluy, laquelle il doibt contribuer afin de faire H qui eſt H—E vaut 5 & la raiſon de 5 à tout le ſegment 15. eſt comme 20. à 60. comme il eſt requis.

Eſtant donc donné vn coſté on diuiſera iceluy en deux parties en ſorte qu'vne portion du premier ſegment eſtant à ſon tout en vne raiſon donnée, adiouſtée à vne portion du ſecond ſegment eſtant à ſon tout, auſſi en vne raiſon donnée egale vne ſomme donnée.

THEOREME.

Le coſté eſtant coupé comme vn tout en comparaiſon des portions contribuées par les ſegmens.

Il est fait ainsi.

Comme la portion semblable à la portion contribuée par le premier segment (posant le premier segment contribuer une portion maieure que le second) moins la portion semblable à la portion contribuée par le second segment.

est A

La portion semblable à la portion contribuée par le premier segment.

Ainsi

La somme prescripte des contributions moins la portion semblable contribuée par le second segment.

A

La vraye portion contribuée par le premier.

Ou, comme

La portion semblable à la portion contribuée par le premier segment, moins la

portion

portion ſemblable du ſecond ſegment.

eſt A.

La portion ſemblable à la portion contribuée par le ſecond ſegment.

Ainſi.

La portion ſemblable à la portion contribuée par le premier ſegment, moins la
ſomme preſcripte des contributions.

A.

La vraye portion contribuée par le
ſecond.

Il pareſt auſſi que H ſomme des con-
tributiõs doibt eſtre preſcripte en ſorte quelle ſoit moienne entre D & F. ſçauoir mineure que D, Et maieure que F a.

Comme en ce lieu 14. eſt moindre que 20. &
majeur que 12.

SCHOLIE.

QVe H doiue eſtre moindre que D, mais majeur que F. l'ordre des analogies tirées de la ſolutiõ de ce Zetetique le montre: car quelles ſoient remiſes en memoire, il eſt euident en premier lieu que D—F lequel eſt trouué commun & premier en toutes les deux eſt quelque quantité, D eſtant poſé majeur que F; c'eſt à dire que D—F eſt vne quantité affirmée, puiſque D eſtant affirmé eſt majeur que F; en apres il eſt conſtant que pour auoir donné la ſolution de quelque choſe propoſée, il faut neceſſairement auoir donné le requis; ſçauoir en ce lieu donner la valeur de A & E, & que ces valeurs ſoient quelque quantité denommée par plus, à cauſe qu'infinies ſolutions peuuent arriuer ou le requis ce trouueroit auoir le ſigne —, s'y les quantitez propoſées n'eſtoient preparées, & propoſées ſelon les conditions requiſes; comme il arriueroit icy ſi H eſtoit moindre que F ou plus grand que D: Cela eſtant poſé en la premiere analogie D—F eſt à H—F comme D à A. Il s'enſuit donc que H—F eſt quantité denommée de plus & par conſequent H plus grand que F. que H—F ſoit quantité denommée de+ il eſt hors de doubte: car puiſque D—F, D, & A ſont de cette nature. La multiplicatiõ de D—F par A, ſera quãtité denõmée de+laquelle doit eſtre égale à la multiplication de D par H—F,+; que cy H—E eſtoit denommée de—, c'eſt à dire cy H eſtoit moindre que F eſtant multiplié par D lequel eſt affirmé le produit ſeroit vne quantité denommée de—; & neaumoins fon égale auroit le figne de + abfurde.

Maintenant que H foit moindre que D. Il fera monftré en la mefme façon que deffus, dautant
que D——F eft à D——H comme F à E, & partant
D——H eft quantité denommée de plus; & par confequent D majeur que H. Donc en la folution
d'vn tel que le propofe , il conuient prendre H
entre D & F, fçauoir moindre que D, mais majeur que F.

L'autheur pour eftablir fon Theoreme & ofter
l'ambiguité qui pourroit aduenir fi D & F n'eftoient
dicernés par comparaifon de majeur ou mineur,
fait D plus grand que F; dautant que fi cela eut
efté pofé indifferent on n'eut pas recogneu
les conditions cy-deffus pofées : fçauoir que H doit
eftre moienne entre D & F; majeure que F, eft mineure que D. Et que pour le cognoiftre on euft fatis-
fait au requis prenant les differences, & pour trouuer les conditions conuenables au propofé eut fallu
auoir recours au poriftique; l'office duquel pour
l'examen de ces conditiõs a efté fauué par la fuppo-
fition de D majeur que F; cela eft fait en tous les Zetetiques fuiuãs; c'eft la caufe pourquoy nous en auõs
obmis les demonftrations par le mefme Poriftique.

EN LIGNES.

Soit le cofté donné A, lequel il faut diuifer en
deux parties, en forte qu'vne portion de la premiere partie eftant à fon tout, comme CE à A, adjouftée à vne portion de la deuxiefme partie eftant
à fon tout comme DE à A, face B; Il faut que CE
foit majeure que DE.

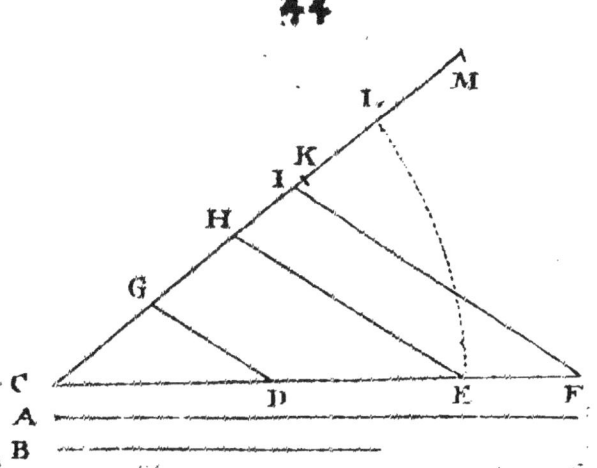

Soit du point C tirée CM, fur laquelle foit prife CK égale à B, KG égale à DE : puis menée la ligne DG à laquelle foit faite EH parallele, coupant CM en H, & la ligne CH fera la portion de la premiere partie, & HK de la feconde.

La premiere & feconde partie feront trouuées fi CF eftât egale à A, & du point A eft menée vne ligne droite FI parallele à GD coupant CM en I; dautant que CI fera la premiere partie, & fi EM eft faite égale à A, IM fera la feconde partie.

Car CD difference des portions femblables CE, DE, eft à CG difference de la fomme des portions donnees à la portion femblable de la fecôde portion, comme CE portion femblable du premier eft à CH : mais par le Theoreme, comme CD eft à CG, ainfi CE eft à la vraye portion du premier; donc CH eft la vraye portion du premier. La portion du fecond fera HK, pour autant qu'auec CH elle fait CK : c'eft à dire B, fomme des portions de la premiere & feconde partie ou fegmens du cofté donnée A.

Le premier fegment fera CI, le fecond IM,

dautăt que CH portion du premier eſt au meſme ſegment, comme CE à A, c'eſt à dire à CF: mais comme CE eſt à CF; ainſi CH à CI, donc CI ſera le premier ſegment; & partant IM le ſecond.

ZETETIQVE VIII.

Ouper vn coſté donné en deux parties, en ſorte qu'vne portion de la premiere eſtant à ſon tout en vne raiſon donnée, moins vne portion de la ſeconde partie eſtant à ſon tout auſſi en vne raiſon donnée ; face vne difference preſcripte.

Soit donné le coſté B pour couper en deux parties ou ſegmens, ainſi que la portion du premier eſtant à ſon tout, comme D à B, moins la portion du ſecond eſtant à ſon tout comme F à B; face H. certainement ſi la portion du premier ſegment eſt plus grande au reſpeʒt de ſon tout, que la portion du ſecond au reſpeʒt du ſien, il aduiendra vn autre diuiſion de l'excés propoſé que ſi elle eſtoit moindre:

toutefois en l'un & l'autre cas la mesme operation est faite.

Soit donc D majeur ou mineur que F. Et la portion qui doibt estre contribuée par le premiere segment soit A. Donc la portion qui sera exigée du second sera A—H. Et pour-autant que D est à B, comme A à $\frac{BA}{D}$, le premier

segment sera $\frac{BA}{D}$: pareillement F estant à B, comme

A—H à $\frac{BA—BH}{F}$, le second segment sera $\frac{BA—BH}{F}$.

Lesquels deux segmens sont égaux à tout le costé donné à diuiser.

Donc $\frac{BA}{D} + \frac{BA—BH}{F}$ seront égaux à B. Laquelle

egalité estant ordonnée, premierement par la multiplication des parties d'icelles par DF, & du parabolisme par B en FA+DA—DH égal à DF. Et par translation de DH soubs contraire affection de signe en FA+DA egal à DF+DH, le parabolisme fait par F+D, $\frac{DF+DH}{F+D}$ sera égal à A.

D'où vient que F+D est à F+H, comme D est à A.

B soit 84. D 28. F 21. H 7. A proportion contribuée par le premier segment, sera fait égal au quatriesme terme proportionnel à 21+28, 21+7 & 28, lequel est $\frac{588+196}{21+28}$ ou 16. la portion du second segment 16—7. c'est 9. le premier segment $\frac{BA}{D}$ $\frac{1344}{28}$ ou 48. le second segment $\frac{BA—BH}{F}$

$\frac{1344—588}{21}$ ou 36, desquels segment la somme est 84:

Item la difference des portions 16 & 9 eſt 7. &
la raiſon de la portion du premier ſegment 16.
au meſme ſegment 48 comme 28 à 84; Et la raiſon de la portion exigée du ſecond ſegment 9 au
meſme ſegment 36. comme 21 à 84 comme il eſt
requis.

*Maintenant la portion qui ſera contribuée par le ſe-
ſecond ſegment eſtant* $A-H$, *elle ſera le reſte de*
$\overline{DF+DH}$ *en eſtant oſté* H. *ſoit icelle portion* E. *Donc*
$$\frac{DF+DH}{D+F} - \frac{DH+FH}{D+F}; \text{ c'eſt à dire } \frac{DF-HF}{D+F} \text{ ſera}$$
égal à E.

Pourquoy, comme $D+F$ *ſera à* $D-H$, *ainſi* F
à E.

Donc E portion contribuée par le ſecond ſegment eſt fait égal au quatrieſme terme proportion-
nel à $21+28$, $28-7$ & 21, lequel eſt $\dfrac{588-147}{21+8}$ ou

9. le reſte comme deſſus.

*Auſſy eſtans dönées les portiös contribuées par les ſegmēs,
les meſmes ſegmens ſeront donnés, ſçavoir* $\dfrac{BA}{D}$ *ſera le pre-*

*mier ſegment & * $\dfrac{BE}{F}$ *le ſecond.*

*Donc on coupera vn coſté donné en ſorte,
qu'vne portion du premier ſegment eſtant à ſon tout en
vne raiſon donnée, moins vne portion du ſecond eſtant
auſſi à ſon tout en vne raiſon donnée; face vne difference
donnée.*

THEOREME.

Le costé estant coupé comme vn tout
en comparaison de ces parties.

Il est ainsi.

Comme.

Les portions contribuées tant par le
premier que le second segment.

est A,

La difference prescripte des contributions, plus la portion semblable contribuée
par le second.

Ainsi.

La portiõ sẽblable cõtribuée par le premier.

A.

La vraye portion contribuée par le premier.

Ou, comme.

Les portions semblables contribuées tant
par le premier que second segment.

eſt A.

*La portion contribuée par le premier,
moins la différence preſcripte des contributions.*

Ainſi.

*La portion ſemblable contribuée par le
ſecond.*

eſt A.

*La vraye portion contribuée par le ſe-
cond.*

Il pareſt que H *différence des contributions doibt
eſtre preſcripte moindre que* D *portion contribuée par le
premier ſegment, ſoit que la portion contribuée par le ſecond ſoit maieure ou mineure.*
Comme au dernier cas 7 eſt moindre que 21.
Il faut entendre 28, au lieu qu'au Latin il y a ſeulement 21.

SCHOLIE.

QVE H doiue eſtre moindre que D, il eſt vi-
ſible par l'analogie de la derniere partie de
ce Zetetique, en laquelle D+F eſt à D—H comme F à E; car ſi il eſtoit maieur que D, il s'enſui-

G

uroit que D—H feroit vne grandeur niée ou priuatiue;& partant auſſi E, dautant qu'il y a pareille raiſon de D+F à F que de D—H à E: mais
E eſt demandée grandeur affirmatiue ou poſitiue,
donc auſſi D—H ſera poſitiue, c'eſt à dire quelque quantité. Or D—H denote l'excés de D ſur
H; partant H doit eſtre moindre que D.

Il n'importe à cecy que F ſoit ou maieur ou
mineur que H, pour autant que F eſtant ſeule
emporte ſa quantité & jointe elle eſt touſiours par
affirmation auec vn autre, comme en l'analogie
de la premiere partie D+F, à F+H comme D
à A; en la ſeconde D+F à D—H comme F à E.

EN LIGNES.

Soit le coſté donné BC qu'il faut diuiſer en ſorte qu'vne portion du premier ſegment eſtant à ſon
tout comme DE à CB, diminuée d'vne portion du
2ᵉ, eſtant à ſon tout comme EF à CB, face la ligne A; il faut que A ſoit moindre que DE.

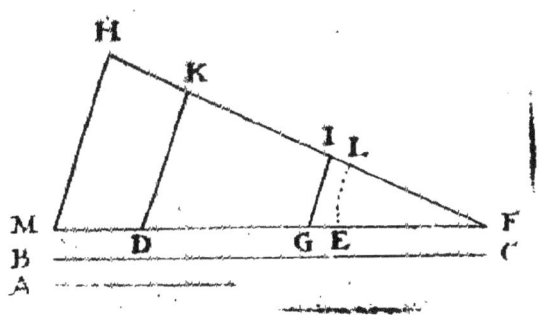

Du point F ſoit menée FH tant grande quelle ſuffiſe, ſur laquelle ayant pris FK égale à FE &

A & menée D K; si on fait F G égal à DE, & que
G I soit parallele à DK, F I sera la portion du premier segment, celle du deuxiesme sera l'excés de FI
sur A.

Car par la premiere partie du Theoreme DE
auec EF est à A auec EF comme DE à la portion
du premier; or DF qui est la somme de DE & EF
est à FK c'est la somme de A & EF, comme GF
qui par la construction est égale à DE, à FI, pour
estre les lignes DK, G I paralelles; partant FI sera
la portion du premier segment.

Le mesme segment sera trouué si FM est faite
égale à BC & que MH soit parallele à GI; car iceluy
sera FH. La raison est que GF, qui est égale à DE
est a BC ou FM, comme FI portion du premier
à FH : mais FG est à FM comme la portion
F I doit estre au premier segment; donc FH sera le premier segment. Le 2.sera trouué en retranchant le premier de la toute.

ZETETIQVE IX.

Rouuer deux costés desquels la diference soit donnée, & qu'vne portion du premier estant à son tout en vne
raison donnée, adioustée à vne portion
du second estant à son tout en vne autre
raison donnée; égale vne somme prescrite.

ſoit la difference de deux coſtés B, deſquels vne por-
portion du premier eſtant à ſon tout comme D à B, adiouſtée à vne portion du ſecond eſtant à ſon tout comme
F à B face H.

Le premier coſté ſera entendu le majeur, ou mineur. Au premier cas qu'il ſoit eſtimé majeur, & que
la portion contribuée par le premier & maieur coſté ſoit
A, la portion contribuée par le ſecond ſera H—A. Et
pour autant que D eſt à B, ainſi A à $\dfrac{BA}{D}$, le maieur

coſté ſera $\dfrac{BA}{D}$. Et F à B comme H—A à $\dfrac{BH-BA}{F}$ le

moindre coſté ſera $\dfrac{BH-BA}{F}$. Parquoy $\dfrac{BA}{D}-\dfrac{BH-BA}{F}$

ſera égal à B, & l'égalité eſtant ordonnée $\dfrac{DF+DH}{F+D}$ ſe-

ra égal à A.

D'où, comme F+D à F+H, ainſi D à A. maintenant la portion contribuée par le ſecond eſtant H—A
elle reſtera lors que $\dfrac{DF+DH}{F+D}$ ſera ſouſtrait de H ſoit

icelle E; donc $\dfrac{FH-FD}{F+D}$ ſera égal à E.

De là vient que côme F+D eſt à H—D, ainſi F à E.

Au ſecond cas, le premier coſté ſoit mineur ; partant
le ſecond ſera maieur. Donc la portion contribuée par le
ſecond ſoit E, parquoy la portion contribuée par le premier & mineur coſté ſera H—E. Et dautant que F eſt
à B comme E à $\dfrac{BE}{F}$, le ſecond coſté ſera $\dfrac{BE}{F}$.

Pareillement D eſtant à B, comme H—E à $\dfrac{BH-BE}{D}$

Le premier & plus petit coſté ſera $\dfrac{BH-BE}{D}$; parquoy

$$\frac{BE}{F} \underline{\qquad} BH \underline{\qquad} BE$$ fera égal à B, & l'egalité eſtant or-

donnée $$\frac{FH + FD}{F + D}$$ fera égal à E.

D'où vient, que F+D ſera à H+D, comme F à E. maintenant, pource que la portion contribuée par le premier coſté eſt H—E elle reſtera quant $$\frac{FH + FD}{F + D}$$ fera

oſté de H. ſoit icelle A; donc $$\frac{DH — FD}{F + D}$$ fera égal à A.

D'où vient, que F+D ſera à H—F, comme D à A.

Les portions contribuées par les coſtez eſtant données les meſmes coſtés ſeront donnés : ſçavoir $$\frac{B \ A}{D}$$ ſera le pre-

mier coſté ; & $$\frac{B \ E}{F}$$ le ſecond.

Donc en trouvera deux coſtez, deſquels la diference ſera preſcripte ; en ſorte qu'vne portion de l'vn d'iceux eſtant à ſon tout en vne raiſon donnée, adiouſtée à vne portion de l'autre eſtant auſſi à ſon tout en vne raiſon donnée, égalera vne ſomme donnée.

THEOREME.

La difference des coſtés, deſquels il eſt queſtion eſtant coupée comme vn tout à la ſemblance des portions contribuées par l'vn & l'autre des coſtés.

Il est faict.

Comme.

La somme des portions semblables con-
tribuées, tant par le maieur, que mineur
costé.

est A.

La somme des contributions, plus la
portion semblable du mineur costé.

Ainsi.

La portion semblable du maieur.

est A.

La vraye portion contribuée par le ma-
ieur costé.

Ou, comme.

La somme des portions semblables con-
tribuées par le maieur & mineur costé.

est A.

La somme des contributions, moins la
portion semblable du maieur costé.

Ainſi.

La portion ſemblable du mineur.

eſt A.

La vraye portion contribuée par le mineur coſté.

Au premier cas.

Soit B 84, D 28, F 21, H 98, A portion du premier & majeur coſté ſera le quatrieſme proportionnel à 21+28, 21+98 & 28 qui eſt 68. Et E, portion du ſecond & mineur coſté 30, leur ſomme eſt 98. Le premier coſté $\frac{BA}{D}$ eſt 204, le deuxieſme $\frac{BE}{D}$ 120, deſquels la difference eſt 84, & la raiſon de 204 à 68. comme 84 à 28. Item la raiſon de 120 à 30, comme 84 à 21, comme il eſtoit requis.

Au ſecond cas.

E, portion du majeur & ſecond coſté eſt fait quatrieſme proportionnel à 21+28, 98+28 & 21; c'eſt à dire 54. A, 98—54 ou 44. Le ſecond coſté $\frac{BE}{F}$ 216, auſquel 54 à pareille raiſon que 21. à 84. Item $\frac{BA}{D}$ le premier coſté ſera egal à 132. auſquel 44, à meſme raiſon que 28 à 84. & la difference de 216. à 132. eſt 84. comme il eſt requis.

Il eſt euident que la ſomme des contributions donnée, doit eſtre preſcripte en

forte quelle foit maieure, que la portion
femblable contribuée par le maieur cofté.

Comme 98 eft maieur que 28. lors qu'au premier cas le majeur cofté eft le premier; & au fecond que 21. La caufe de cecy pareft aux analogies:
car au premier cas F+D eft à H—D, comme F
à E, que fi D portion femblable du majeur eftoit
majeure que H, H—D feroit grandeur priuatiue; & partant il faudroit que E le fut auffi, ce qui
feroit contre la queftion. Le mefme s'entendra
de F au fecond cas.

EN LIGNES.

Soit la dife-
rence de deux
coftez A, def-
quels il faut
qu'vne portió
du premier &
majeur eftant
à fon tout có-
me CI à A
adjouftée à v-
ne portion du

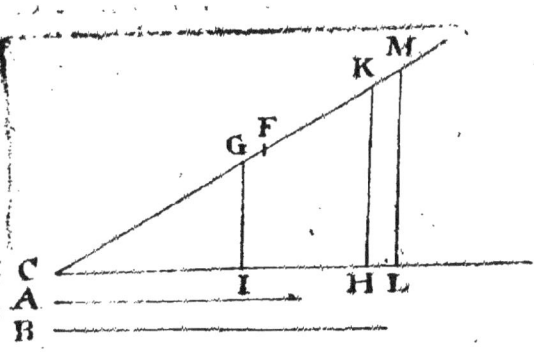

fecond eftant à fon tout comme I H au mefme A
face B ; Il faut que CI foit moindre que B.

Soit faite CF egale à B & FK egale à
1H: puis menée la ligne droite HK à laquelle faifant IG parallele, CG fera la portion contribuée
par le premier & majeur cofté, lequel fera trouué
faifant CL egale à B & tirant la parallele LM;

car

car CM fera le majeur & plus grand cofté.

Que cela foit CH fomme des portions femblables contribuées par le majeur & mineur cofté eft à la fomme des contributions CF plus FK, portion femblable du fecond cofté, comme CI portion femblable contribuée par le majeur à CG; donc CG fera la portion contribuée par le majeur fegment; laquelle portion eftant à CM, comme CI portion femblable du majeur à CL egale à B, le mefme cofté fera CM.

Le cofté reftant fera trouué fi de CM eft retranchée vne égale à B, & la portion contribuée par le mineur fera FG.

ZETETIQVE X.

TRouuer deux coftés defquels la diference foit donnée, & que vne portion du premier eftant à fon tout en vne raifon donnée, moins vne portion du fecond eftant à fon tout aufsi en vne raifon donnée; face vne difference donnée.

foit donnée la difference de deux coftés B, defquels vne portion du premier eftant à fon tout comme D à B, eftant diminuée d'vne portion du fecond eftant à fon tout, comme F à B, face H; & il faut trouuer les deux coftés.

H

Le premier costé est estimé maieur ou mineur, eu bien la portion exigée d'iceluy est maieure ou mineure que celle du second, quoy que ce soit cela est fait presque par vne mesme operation.

Soit donc D portion contribuée par le premier maieure ou mineure.

Au premier cas, soit le premier costé duquel la portion contribuée souffre alteration, maieur des deux. Et la portion par luy contribuée soit A. la portion contribuée par le second sera A——H, comme estant la difference des contributions H, laquelle demeure lors que A——H est ostée de A portion du premier, & le premier costé sera $\frac{BA}{D}$, le second $\frac{BA——BH}{F}$: donc $\frac{BA}{D}——\frac{BA——BH}{F}$ est egal à B. l'equation estant ordonnée, F estant portion maieure que D, $\frac{FD——HD}{F——D}$ sera egal à A.

D'où, comme F——D est à F——H, ainsi D à A.

Maintenant la portion contribuée du second costé estant A—H, elle restera quand de $\frac{FD——HD}{F——D}$ sera osté H. soit donc ceste portion E; partant $\frac{FD==FH}{F==D}$ sera egal à E.

Et F==D sera à D==H comme F à E.

Sy au contraire la portion D est maieure que F. comme D—F sera à H——F ainsi D à A.

Et D—F à H—D comme F à E.

Au second cas, le premier costé soit le moindre des deux & la portion par luy contribuée soit derechef A. donc la portion contribuée par le second & maieur sera A.—H. Et le premier costé sera $\frac{BA}{D}$ le second $\frac{BA——BH}{F}$

donc $\dfrac{BA-BH-BA}{F}$ *fera egal à* B. *& l'equation*

eftât ordönée $\dfrac{DF+DH}{D-F}$ *eft egal à* A.

D'où, *s'enfuit que* D—F *fera à* F+H *côme* D *à* A.

Maintenant la portion contribuée par le fecond cofté eftant A—H *elle fera aufſy le refte de* $\dfrac{DF+DH}{D-F}$

eftant ofté H. *& foit cefte portion* E; *donc* $\dfrac{DF+HF}{D-F}$ *fera e-*

gal à E. *Et* D—F *fera à* D+H, *comme* F *à* E.

L'ordre de cefte operation demonftre qu'en ce fecond
cas, Il faut que la portion exigée du premier foit maieure
que celle du fecond.

Cela fait eftants donnees les portions des coftez requis
les coftés feront aufſy donnés. Sçauoir $\dfrac{BA}{D}$ *fera le premier*

cofté, & $\dfrac{BE}{F}$ *le fecond cofté.*

Donc on trouuera deux coftez defquels la difference fera donnée, en forte qu'vne portion du premier eftant à fon
tout en vne raifon donnée, égale aufſy vne difference
donnée.

THEOREME.

*La difference des coftés eftant coupée,
comme un tout en comparaifon des parties contribuées par les coftés, le premier
eftant majeur des deux, & que d'iceluy
foit exigée une plus grande portion.*

Il fera fait.

Comme.

La portion femblable contribuée par le premier, moins la portion femblable contribuée par le fecond.

eft A.

La difference preferipte des contributions, moins la portion femblable contribuée par le fecond.

Ainfi.

La portion femblable contribuée par le premier.

A.

La vraye portion contribuée par le mefme.

Ou, comme.

La portion femblable contribuée par le premier, moins la portion femblable contribuée par le fecond.

eſt *A.*

La difference preſcripte des contributions moins la portion ſemblable contribuée par le premier.

Ainſi.

La portion ſemblable contribuée par le ſecond.

A.

La vraie portion contribuée par le meſme.

Que ſi de ce premier & maieur coſté eſt exigée vne moindre portion, que du ſecond, les meſmes analogies ſubſiſteront faiſant reuerſion des negations.

Quand le premier coſté duquel la portion exigée ſouffre alteration eſt le moindre des requis, touſiours la portion exigée d'iceluy ſera majeure.   Et eſt fait.

Comme.

La portion ſemblable contribuée par le premier, moins la portion ſemblable contribuée par le ſecond.

eſt A.

La portion ſemblable contribuée par le ſecond, plus la difference preſcripte des contributions.

Ainſi.

La portion ſemblable contribuée par le premier.

A.

La vraie portion contribuée par le meſme.

Ou, comme.

La portion ſemblable contribuée par le premier moins la portion ſemblable contribuée par le ſecond.

eſt A.

La portion ſemblable contribuée par le premier, plus la difference preſcripte des contributions.

Ainſi.

La portion ſemblable contribuée par le ſecond.

A.

La vraie portion contribuée par le meſme.

Finalement ce Zetetique à trois cas.

Le premier, quand le premier costé, ou celuy duquel la portion souffre diminution, est le plus grand des deux, & que d'iceluy est exigée vne plus grande portion.

Le second, quand le mesme costé demeure majeur & que d'iceluy est exigée vne moindre portion.

Le troisiesme, quand le premier costé est le moindre des deux, & que d'iceluy est exigée vne plus grande portion; car vne moindre portion ne peut estre exigée d'iceluy.

Au premier cas, il conuient que H soit prescripte en sorte quelle soit maieure que la portion semblable du premier segment & consequemment que F portion semblable du second.

Car D—F est à H—F comme D à A.

Et D—F à H—D comme F à E.

Au second cas, il faut que H soit mineure que D, & F.

Dautant que F—D est à F—H comme D à A
& F═D est à D═H comme F à E.

Au troisiesme cas, H est maieure ou mineure que D ou F. & D maieur que F, donc ce troisiesme cas peut arriuer, auec le premier, & iamais auec le second.

En ce cas D—F est à F+H comme D à A.

Et D—F est à D+H comme F à E.

Et partant quant en ce troisiesme cas D & F seront moindres que H le Zetetique pourra aussi estre resolu par le premier cas.   I.

Soit B 12. *difference des deux costés,* D 4, F 3, H 9, *difference entre* A & E.

Pour autant que H *est maieure que* D & F.

$\frac{B\ A}{D}$ *sera conçeu ou maieur ou mineur costé.*

1. *Si maieur, A est 24. E 15. Et* $\frac{BA}{D}$ *premier & ma-*

ieur costé est 72, $\frac{BE}{F}$ *second & mineur costé 60. desquels*

la difference est B 12.

2. *Si* $\frac{BA}{D}$ *est pris pour le mineur, A est 48, E 39. Et*

$\frac{BA}{D}$ 144; $\frac{BE}{F}$ 156, *desquels la difference est B 12.*

II.

Soit derechef B *difference des costés 48.* D 16, F 12, H *difference de* A *sur* E, 10.

1. *Pource que* H *est mineure que* D *ou* F. *Et* D *est maieur que le mesme* F, *il est necessaire que* $\frac{BA}{D}$ *soit le*

moindre costé, & $\frac{BE}{F}$ *le maieur costé. Et* A *est fait* 88,

E 78. *Et* $\frac{BA}{D}$ *est fait* 264. $\frac{BE}{F}$ 312. *Desquels la diffe-*

rece est B 48. 2. *Ou soit* D 12. F 16. B *demeurant* 48, H 10, *necessairement* $\frac{BA}{D}$ *sera le maieur costé. Et* A

est fait 18, E 8. *Et* $\frac{BA}{D}$ 72. $\frac{BE}{F}$ 24. *desquels la dif-*

ference est 48.

EN

EN LIGNES.

Pour le premier cas.

Faut trouuer deux coſtés deſquels la difference eſt A, & qu'vne portion du premier & maieur eſtant à ſon tout comme CE à A, diminuée d'vne portion du ſecond eſtant à ſon tout
comme DE à A ſoit egale à B; il faut que B ſoit maieur que DE.

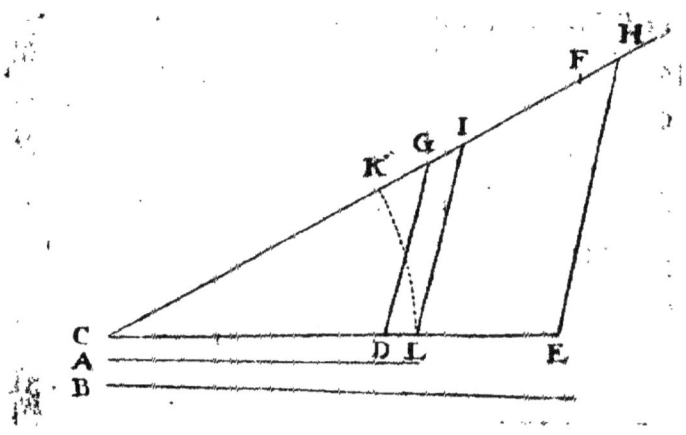

Soit menée la ligne CH ſur laquelle ſoit priſe CF
egale à B, & FG à DE : puis tirée la ligne DG à
laquelle eſtant faite parallele EH, coupant CH au
meſme point, CH ſera la portion du premier & majeur, Et par conſequent FH celle du ſecond, Et ſi CL
eſt faite egale à A & LI parallele à DG, CI ſera le
premier & maieur coſté duquel 'oſtant DK egal au
meſme A reſtera KI pour le ſecond majeur coſté.

Que cela ſoit il eſt euident puis que CD difference de CE portion ſemblable du premier maieur &
de DE portió ſemblable du ſecód, eſt à CG diferéce

entre B & DE c'eſt à dire CF & FG qui eſt egale à DE, côme CE à CH; Et que CD doibt eſtre à CG cô-me CE à la vraye portion du premier par le Theo-reme; car il s'enſuiura que le meſme CH ſera la vraye portion contribuée par le premier coſté. FH eſt cel-le du ſecond dautant qu'ils diferent de CF egale à B.

Le premier coſté ſera CI pour autant que CE portion ſemblable du premier eſt à DL qui eſt egale à A, comme CH vraye portion du premier, au meſ-me CI comme il eſt requis. Le ſecond & mineur coſté ſera KI, lequel differe du premier CI de CK egale à A grandeur propoſée pour la difference des coſtés ce qu'il falloit faire.

Pour les autres cas la conſtruction eſtant fort peu differente de la precedente nous les obmettrons pour n'eſtre prolixe.

F I N.

LE
SECOND LIVRE
DES ZETETIQVES.

ZETETIQVE I.

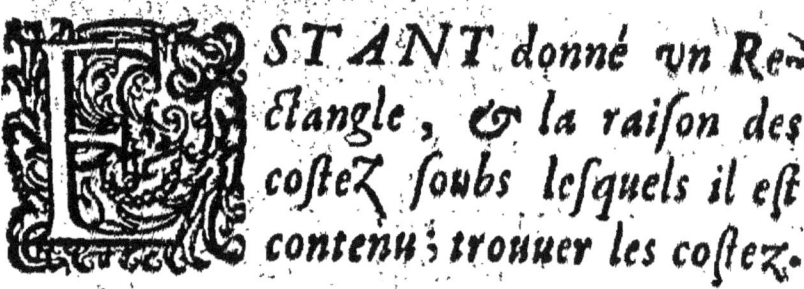

ESTANT donné vn Reſ-
ctangle, & la raiſon des
coſtez ſoubs leſquels il eſt
contenu; trouuer les coſtez.

Le Rectangle eſt ce qui eſt fait de deux coſtez, & la
prolation du platiel contenu ſoubs les coſtez n'emporte
rien autre choſe.

Soit le Rectangle donné B plan, contenu ſoubs deux
coſtez, deſquels la raiſon du majeur au mineur eſt comme
S à R; il faut trouuer les coſtez.

Le majeur coſté ſoit A. Or pour autant que S eſt à
R, comme A à $\frac{R A}{S}$, le moindre coſté ſera $\frac{R A}{S}$; Et le Re-

ctangle contenu des coſtez $\frac{R A Q}{S}$. Et par conſequent egal

au plan donné B p. le tout multiplié par S. RAQ eſt
egal à SBp, & ceſte égalité eſtant reuoquee à analogie,
R eſt à S, comme Bp à AQ.

K

Autrement le moindre costé soit E, Donc R estant à S comme E à $\frac{SE}{R}$, le majeur costé sera $\frac{SE}{R}$: le Rectangle soubs les costez sera $\frac{SEQ}{R}$, qui par consequent sera egal à B plan. Le tout estant multiplié par R, SEQ est egal à RBp. L'egalité renoquée en analogie; comme S est à R, ainsi Bp à EQ.

Estant donc donné vn plan contenu soubs les costez, auec la raison d'iceux; on trouuera les costez.

THEOREME.

Comme le costé semblable du premier au costé semblable du second, majeur ou mineur, ainsi le rectangle soubs les costez au quarré du second majeur ou mineur costé.

Soit B plan 20. R 1. S 5. A est egal à 10.

EN LIGNES.

Soit le rectangle soubs les costez egal au quarré de de A, & la raison du mineur au majeur, comme R à S; il faut trouuer les costez.

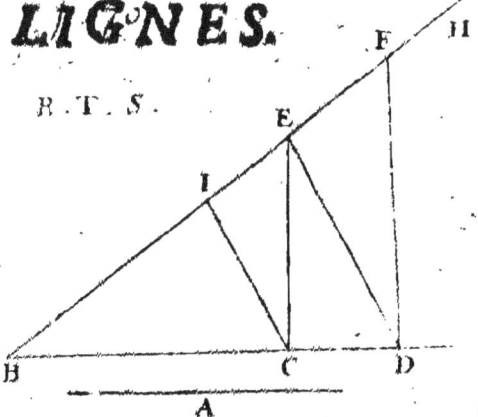

Soit trouuée T, moyenne proportion entre R & S, puis soit fait comme R à T, ainsi BC à BD.

Apres soit menée BH , sur laquelle soit prise BE
egale à A, & tirée CE àlaquelle faisant DF parallele,
coupant BH en F , la ligne BH sera le majeur costé;
ou tirant DE & faisant C I parallele à DE , BI sera
le moindre costé.

ZETETIQVE II.

Stant donné le rectangle contenu soubs les costez , & l'aggregé
des quarrez d'iceux ; les costez
seront trouuez.

THEOREME.

Le double du rectangle soubs les costez
adjousté à l'aggregé des quarrez , est egal
au quarré de la somme des costez: Et osté
du mesme aggregé au quarré de la difference.

Comme il parest par l'origine du quarré, ayant la racine
ou costé de deux noms.

Soit le rectangle soubs les costez 20. l'aggregé des quarrés,
desquels soit 104. donc les quarré de la sōme des costez sera
104 + 40, ou 144 celuy de la difference 104 — 40 , ou
64. faisant l'aggregé des costez sera 12, & la difference 8
& les costez 2 & 10 par le premier Zetetique du premier

Cela fera mon-
ſtré par la figure
ſuiuante , en la-
quelle le quarré
ABCD, a pour co-
ſté la ligne AB e-
gale aux coſtez
AG, GB, deſquels
les quarrez A E,
EC auec les ſup-

plemens ED , EB font le quarré total ABCD, c'eſt
la 4. du 2. d'Eucl.

En apres ſi des meſmes quarrez AE, EC on oſte
le double de EB, c'eſt à dire le gnomon IFK auec le
quarré AE, car ils ſont egaux; le reſte ſera le quarré
FC, qui eſt egal à celuy de HB, difference des coſtez
AG, GB.

Pourquoy eſtant donnée la difference des deux
coſtez & leur ſomme, on donnera les coſtez.

EN LIGNES.

L'aggregé des
quarrez ſoit égal
au quarré de A, &
le rectangle con-
tenu ſoubs iceux,
égal au quarré de
B.C; il faut trouuer
les coſtez.

Soit au poinct C eſleuée perpend. ſur BC, la ligne
droicte égal à la meſme BC, & conjoints B & D par
la droicte BD, ſur laquelle au poinct B, ſera auſſi

esleuée perpendiculairement B E, égale à A, & tirez la ligne E D, laquelle sera la somme des costez.

Pour auoir la difference faut sur] E B, descrire le demy cercle B F E, dans lequel appliquant B F, égale à B D, & tirant E F, icelle sera la difference des costez, lesquels seront finalement trouuez, retranchant de E D, E G égale à E F, & diuisant le reste en deux parties égales au poinct H, & les costez seront E H, H D.

La preuue est que le quarré de B D, est égal au double du rectangle, lequel adiousté au quarré de E B, fait le quarré de E D, pour celuy de la somme des costez & osté du mesme quarré, reste le quarré de E F, pour le quarré de la difference des mesmes.

❦❦❦❦❦❦❦❦❦❦❦❦❦❦❦❦❦❦❦❦❦❦❦

ZETETIQVE III.

EStant donné le rectangle soubs les costez, & la difference d'iceux, on trouuera les costez.

THEOREME.

Le quarré de la difference des costez adiousté au quadruple du rectangle contenu soubs iceux, est égal au quarré de la somme des costez.

Car il a desja esté veu, que le quarré de l'aggregé des

coſtez, moins le quarré de leur difference eſt égal au quadruple du rectangle contenu ſoubs les coſtez ; c'eſt pourquoy il n'a eſté neceſſaire que de l'anthiteſe.

Comme ſi la ſomme des coſtez eſtoit B+D , leur
difference B=D , le quarré de leur ſomme ſeroit
Bq + 2BD + Dq , & celuy de leur difference
Bq—2BD+Dq , leur difference eſt 4BD, partant ſi au meſme quadruple eſt adjouſté le quarré de
la difference, la ſomme ſera le quarré de la ſomme.

Cela eſt auſſi euident par la figure du precedent
Zetetique, en laquelle FE, eſt le quarré de la difference , & le quadruple du rectangle le quomon
DFB, leſquels enſemble font le quarré de la ſomme
des coſtez ABCD.

Eſtant en apres donnée la difference des deux coſtez
& la ſomme, on donnera les coſtez.

Soit le rectangle ſoubs les coſtez 20, deſquels la diffe-
rence eſt 8. le quarré de la ſomme ſera 64+80, ou 144,
deſquels la racine qui eſt 12, ſera la ſomme des coſtez, les
meſmes coſtez ſeront 2 & 8 par le prem. Zetet. premier.

EN LIGNES. f. 74

Le Rectangle
donné ſoit le quar-
ré de BC, & E,
la difference des
coſtez; il faut trou-
uer iceux.

BD ſoit faicte double à BC, & BA, perpendiculaire à icelle & égal à E, puis menant la ligne AD,
icelle ſera l'aggregé des coſtez, qui ſeront diſtinguez
par le premier Zet. premier.

Cela ce demonſtre, d'autant que BD, eſt le quadruple du rectāgle ſoubs les coſtez, auquel adiouſté
le quarré de AB difference, fait le quarré de AD
pour la ſomme.

❧❧❧❧❧❧❧❧❧❧❧❧❧❧❧❧❧❧❧❧

ZETETIQVE IIII.

ESTANT donné le Rectangle contenu
ſoubs les coſtez, auec l'aggregé d'i-
ceux, on trouuera les coſtez.

THEOREME.

Le quarré de l'aggregé des coſtez, moins
le quadruple du rectangle contenu ſoubs
iceux, eſt égal au quarré de la difference
des coſtez.

Ainſi que l'on peut inferer par l'antibiſeſe de ce qui a
eſté cy deuant ordonné.

D'autant que ſi Bp eſt le rectangle ſoubs les coſtez
Dq, le quarré de la difference, il s'enſuit que
4Bp+Dq ſera égal en quarré de l'aggregé des coſtez lequel ſoit FQ; donc par antitheſe 4Dq ſerōt
égaux à FQ—4BQ.

Le Rectangle contenu ſoubs les coſtez ſoit 20, & leur
ſomme 12, le quarré de la difference des coſtez ſera
144—80, ou 64, duquel la racine eſt 8 pour la difference; partant les coſtez ſeront 2 & 10.

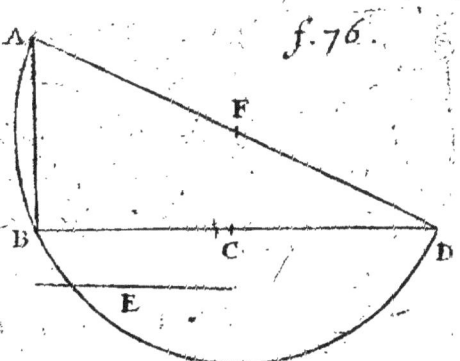

f. 76

ᴀD ſoit la ſöme des coſtez , & le quarré de E égal au Rectangle conſtenu ſoubs iceux; il faut trouuer les coſtez.

Sur AD, ſoit fait le demy cercle ABD, & dans iceluy appliquée DB égale au double de E , puis menant BA, icelle ſera la difference des coſtez, par le moyen de laquelle,& de AD, les coſtez ſeront trouuez, par le premier Zetet.premier.

ZETETIQVE V.

ᴇSTANT *donneé la difference des coſtez, & l'aggregé des quarrez, on trouuera les coſtez.*

THEOREME.

Le double de l'aggregé des quarrés,moins le quarré la difference des coſteẑ,egal eſt au quarré de l'aggregé des coſtez.

Car il eſt conſtant,que le quarré de l'aggregé des coſtez, plus le quarré de la difference eſt égal au double de l'agregé

gregé des quarrez, c'est pourquoy il n'a esté question que de l'anthiteze.

Cela est môstré par le Theoreme de la 12. proportion des notes premieres pour le Logistique: Partât si Bq est le quarré de l'aggregé, Dq celuy de la difference, Bq+Dq sera égal au double de l'aggregé des quarrez, lequel soit 2 Fp ; dont par anthitese 2 Fp—Dq seront égaux à Bq.

Soit la difference des costez 8, l'aggregé des quarrez 104. le quarré de la somme sera 208—64, ou 144, desquels la racine est 12 pour l'aggregé des costez, lesquels seront trouuez estre 2 & 10.

EN LIGNES.

Le quarré de GD soit égal à l'aggregé des quarrez de deux costez desquels la difference soit E, il faut trouuer les costez.

Soit menée du poinct G, la ligne

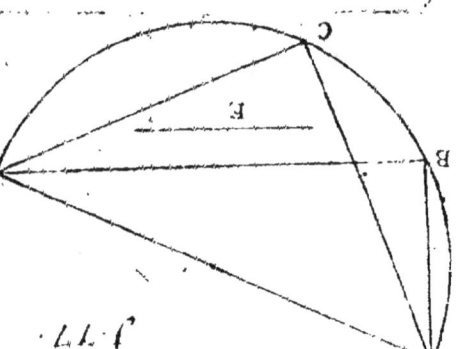

GA, égal à GD, & faisant auec la mesme l'angle droict AGD, & tirée AD, sur laquelle ayant fait le demy cercle AGD, & dans iceluy appliquée AB égale à E, si on mene DB, elle sera égale à la somme des costez : Et estant donnée, la somme & la difference; les costez seront donnez.

La preuue est, que le quarré de AD, est égal au double du quarré de GD, c'est à dire au double de l'aggregé des quarrez, duquel osté le quarré de AB

L

qui eſt celuy de la difference, reſtera le quarré de BD. pour le quarré de la ſomme ; partant BD, eſt la meſme ſomme des coſtez.

✻✻✻✻✻✻✻✻✻✻✻✻✻✻✻✻✻

ZETETIQVE VI.

ESTANT *donné l'aggregé des coſtez, & l'aggregé des quarrez ; on* trouuera les coſtez.

THEOREME.

Le double de l'aggregé des quarrez, moins le quarré de la ſomme des coſtez, eſt egal au quarré de la difference.

Comme il eſt facile à colliger par anthiteſe de ce qui a eſté dit au Zeterique precedent.

Car ſi Bp eſt l'aggregé des quarrez, Dq le quarré de la difference, & Fq celuy de la ſomme, 2Bp− Dq ſera égal à Fq, & par anthiteſe 2Bp— Fq eſt à Dq.

L'aggregé des coſtez ſoit 12. celuy des quarrez 104. partant le quarré de la difference ſera 208—144, ou 64, duquel la racine eſt 8 pour la difference des coſtez.

L'exegetique en lignes eſt ſemblable à celle du precedent Zetetique.

ZETETIQVE VII.

ESTANT donnee la difference des costez & la difference des quarreZ, on
trouuera les costez.

THEOREME.

La difference des quarreZ estant appliquee à la difference des costez, donnera la somme des costez.

Cella a des-ia esté puis que la difference des costez
estant multipliee par la somme d'iceux, fait la difference
des quarreZ, d'autant que l'application est la restitution
de cella qui est faicte par la multiplication.

La difference des costez soit 8. & la difference de
leurs quarreZ 96, la somme de leurs costez est faicte
$\frac{96}{8}$ ou 12. partant le plus grand costé 10. le moindre 2.

EN LIGNES.

La difference
des costez soit
AB : & la diffe-
rence des quarrez
égale au quarré de
C ; il faut trouuer
le requis.

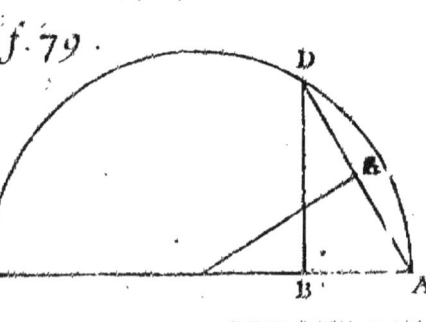

Au poinct B sur la ligne BA, soit esleuée la perpendiculaire DB égale à C: puis conjoinct D & A laquelle estant diuisée en deux également en E, & d'iceluy tirée EF perpendiculaire, coupant AB prolongé en F, duquel comme centre descriuant le demy cercle ADE, coupant AB en E, icelle BE sera l'aggregé des costez.

Car le rectangle ABE est égal au quarré de BD, lequel est égal à la différence des quarrez.

*** *** *** *** *** *** *** *** *** *** *** *** ***

ZETETIQVE VIII.

EStant *donnee la somme des costez, & la difference des quarrez, on trouuera les costez.*

THEOREME.

La difference des quarrez estant appliquee à la somme des costez, donnera la difference des costez.

Comme il parest par ce qui a esté dit au Zetetique precedent.

Soit la somme des costez 12, la difference des quarrez 96. la difference des costez est faicte $\frac{96}{12}$ ou 8, c'est pourquoy le majeur costé sera 10, le moindre 2.

L'exegetique en lignes est semblable à celle du precedent.

ZETETIQVE IX.

E STANT *donné le Rectangle foubs les coftez, & la difference des quarrez. trouuer les coftés.*

Soit B plan, le rectangle foubs les coftez. Et la difference des quarrez D plan. Il faut trouuer les coftez.

L'aggregé des quarrez foit A plan. Donc le quarré de la fomme des coftez fera A p + 2Bp. La difference Ap — 2Bp. Mais la fomme des coftez multiplice pour la difference, faict la difference des quarrez. C'eft pourquoy le quarré de la fomme des coftez multiplié par le quarré de la difference, fera le quarré de la difference des quarrez. Donc App — 4Bpp fera egal à Dpp. Et en ordonnant App fera egal à Dpp + 4Bpp.

En apres eftant donné l'aggregé des quarrez, & la difference d'iceux, ou le rectangle foubs les coftez, on trouuera les coftez.

Donc eftant donné le rectangle foubs les coftez, & la difference des quarrez, on donnera les coftez.

THEOREME.

Le quarré faict par la difference des quarrez, auec le quarré du double rectangle, eft egal au quarré de l'aggregé des quarrez.

soit Bp 20. D plan 96. App. sera 10816 & Ap 104 *pour l'aggregé des quarrez.*

✽✽✽✽✽✽✽✽✽✽✽✽✽✽✽✽✽✽✽✽

ZETETIQVE X.

Estant donné vn plan composé tant du rectangle soubs les costez que des quarrez, de chacun d'iceux, & l'vn d'iceux costez; trouuer le costé restant.

Soit Bp faict du rectangle soubs les costez, & des quarrez de chacun des costez. & D soit aussi donné pour l'vn des costez, il faut trouuer le costé restant.

Le costé dont est question auec la moitié du donné soit A. Donc le vray costé cherché sera $A - \frac{1}{2}D$. & le quarré d'iceluy $AQ - DA + \frac{1}{4}DQ$. le quarré du donné DQ. lesquels adioustez auec le rectangle contenu soubs les costez sont egaux à Bp ainsi qu'il est proposé: Mais le rectangle soubs les costez est $DA \; \frac{1}{4}DQ$. C'est pourquoy $AQ + \frac{1}{4}DQ$ sera egal à Bp, l'equation estant ordonnee AQ sera egal à $Bp - \frac{1}{4}DQ$.

Estant donc donné vn plan fait du rectangle soubs les costez, & des quarrez de chacun d'iceux auec l'vn des costez, on trouuera le costé restant.

THEOREME.

Le plan faict du rectangle, & de chacun des quarrez des costez, diminué des trois quarts du quarré du costé donné: Est

egal au quarré du coste composé du costé
requis, & de la moitié du donné.

Soit B plan 124. D2. A est egal à V 121. donc le costé
requis est V121]—1. ou 10.

Ou B plan estant 124. D10, A est egal à V49. &
partant le costé requis est V49]—5, c'est 4.

EN LIGNES.

Le quarré
de A B soit
egal au plan
proposé, BC
au costé don-
né ; il faut
trouuet le re-
quis.

f. 83.

Soit faicte DB egale aux ¼ de BC, & sur DC
descript le demy cercle DEC, coupant BE esleuée
perpendiculairement sur la mesme DC au poinct E.
En apres sur AB soit descript le demy cercle AFB,
dans lequel estant appliquée FB egale à EB & menée AF; icelle sera egale au costé requis prolongé de la moitié de BE, c'est pourquoy retranchant
d'icelle FG, egale à la moitié de BC, le reste sera le
costé demandé.

Pour autant que le quarré de BE ou BF est egal
aux trois quarts du quarré de BC, lesquels ostez du
quarré de AB egal au plan donné, restera le quarré
de la ligne AF, laquelle par le Zetetique sera composée de la requise, & de la moitié de la donnée BC.

SCHOLIE.

Le procedé de l'Autheur en ce Zetetique, lors qu'il pose A pour l'aggregé du costé requis & de la moitié du donné, est à fin d'euiter vne equation du quarré affecté soubs le costé, comme sans doute il en arriueroit vne si l'on procedoit selon l'ordinaire par la position de A pour le requis ; car cela estant le quarré du requis seroit AQ du donné DQ, & le rectangle soubs les costez DA, lesquels joincte feroient AQ+DA+DQ egal à Bp, qui est vne equation du quarré affecté soubs le costé, desquelles equations l'Autheur n'ayant en aucune façon parlé auparauant les Zetetiques, les a voulu euiter par ceste supposition. Cest artifice doit estre remarqué pour s'en seruir quant l'occasiõ s'offrira.

Ie m'estonne pourquoy Vasset qui a traduict ce Zetetique, a osté l'opperation & le discours de celuy.cy, mais i'estime qu'il a creu que cela n'estoit de son gibier & n'y entendoit rien: Il a aymé mieux le taire que de faillir. Il seroit à desirer qu'il en eust fait de mesme en beaucoup d'endroict, où il a commis des fautes qu'il eust euitez par ce moyen.

ZETETIQVE XI.

ESTANT donné vn plan faict du rectangle soubs les costez & des quarrez de chacun d'iceux, estant aussi
donnée

donnee la somme d'iceux, costez; distinguer les costez.

Soit donné B plan composé, du Rectangle soubs les
costez & de chacun des quarrez d'iceux, soit aussi donné
G la somme des costez. Il faut distinguer les costez.

Soit le Rectangle soubs les costez A plan. Donc pour
autant que le quarré de la somme des costez est egal au
quarré de chacun des costez plus le double de leur Rectangle, il s'ensuit que G quarré sera egal à Bp+Ap, & en ordonnant l'équation GQ—Bp, sera egal à AB.

Mais estant donnee la somme des costez, & le Rectangle soubs iceux; on donnera les costez.

Donc estant donné le plan composé du Rectangle
soubs les costez & du quarré de chacun d'iceux, & outre
cela la somme des costez; les costez seront distinguez.

THEOREME.

Le quarré de la somme estant diminué
du plan proposé, reste le Rectangle soubs
les costez.

B plan soit 124. G 12. A plan est faict egal à 144—124
c'est 20. partant le quarré de la difference des costez sera
64, c'est pourquoy le double du majeur costé sera 12+√64
ou 20, le double du moindre 12—√64, ou 2.

L'exegetique en ligne de ce Zetetique & du
suiuant, est faicte en la mesme sorte que du
precedét, sinon qu'en ce Zetet. il faut premierement
trouuer le Rectangle soubs les costez, qui ce faict
par le moyen d'vn triangle rectangle, ayant son hy-

M

poténuſe egale à G , & l'vn des coſtez d'autour l'angle droit, egal au coſté d'vn quarré egal à Bp : car
le quarré du reſtant ſera egal au rectangle & au ſui-
uát, faut trouuer l'hypoténuſe d'vn triangle rectangle, duquel l'vn des coſtez de l'angle face ſon quarré egal à B p , l'autre au Rectangle ſoubs les coſtez.

ᕯᕯᕯᕯᕯᕯᕯᕯᕯᕯᕯᕯᕯᕯᕯᕯᕯᕯᕯᕯᕯᕯᕯᕯᕯᕯ

ZETETIQVE XII.

ESTANT *donné vn plan lequel con-
tienne tant le rectangle ſoubs les coſtez, que les quarrez de chacun d'iceux,
eſtant auſſi donné le rectangle; on diſtin-
guera les coſtez.*

THEOREME.

*Le plan compoſé adjouſté au rectangle,
ſera egal au quarré de la ſomme des coſtez.*

Par les meſmes cauſes qui ont eſté dictes au Zetetique
precedent.

Le plan compoſé du reſtangle ſoubs les coſtez, & des
quarrez de chacun d'iceux, ſoit 124. & le rectangle 20.
quarré de la ſomme des coſtez ſera 144. duquel oſtant
quadruple du meſme rectangle 20, reſtera 64 pour le
quarré de la difference, c'eſt pourquoy le double du plus
grand coſté ſera √144+√64, le double du moindre
√144—√64.

ZETETIQVE XIII.

Estant donné l'aggregé des quarrez, et leur difference ; trouuer les
costez.

Soit donné Dp l'aggregé des quarrez & leur difference B plan. Il faut trouuer les costez.

Donc le double du quarré du plus grand sera D plan
+ Bp, & du plus petit D plan —— Bp suiuant la doctrine
enseignee cy deuant en la recherche des costez, par leur
somme ou difference : Mais le double estant donné, le simple
le sera aussi, & estant donnez les quarrez, les costez sont
requis.

Aussi n'est-il point necessaire d'autre procedé que celuy qui a esté fait des costez, comme estant general pour
quelque grandeur que ce soit de mesme genre.

Soit D plan 104. B plan 96. le quarré du majeur
costé est egal à 100. & le quarré du moindre costé à 4.

ZETETIQVE XIIII.

Estant donnee la difference de deux
cubes, et l'aggregé d'iceux, trouuer
les costez.

Soit donnee la difference des cubes B solide, & soit
aussi donné l'aggregé d'iceux D solide. Il faut trouuer
les costez.

*Le double du plus grand cube sera D sol. + B sol.
le double du mineur D sol. — B sol. suiuant la doctrine donnee sur les costez, & repetee aux quarrez, ou
nous auons aduerty que cela s'applique à quelconques
genres de grandeurs : Mais estant donné le double, le
simple est donné, & estans donnez les cubes, les racines
le sont aussi; De sorte que ce Zetetique à peine merite d'a-
uoir ce nom.*

*Soit B solide 316. D solide 370. le plus grand cube
est egal à 343. le moindre à 27.*

※※※※※※※※※※※※※※※※※※※※

ZETETIQVE XV.

E STANT donnee la difference des
cubes, & le rectangle soubs les costez; on trouuera les costez.

THEOREME.

*Le quarré de la difference des cubes
plus le quadruple du cube du rectangle
soubs les costez, est egal au quarré de l'aggregé des cubes.*

*Il a desja esté fait, que le quarré de l'aggregé des cubes
moins le quarré de leur difference, est egal au quadruple
du cube du rectangle, tellement qu'il n'est seulement besoin que de faire l'antithese.*

Soit la difference des cubes 316. le rectangle soubs les

coſtez 21. le quarré de l'aggregé des cubes ſera 136900.

C'eſt pourquoy le double du plus grand cube ſera $\sqrt{136900+316}$. & le double du moindre $\sqrt{136900-316}$.

SCHOLIE.

L'Autheur dit cela auoir deſ-ja eſté fait : mais faut noter que ç'a eſté implicitement, quant au 3. Zetetique de ce liure il dit, la difference des coſtez, & le rectangle contenu ſoubs iceux eſtant donné, on trouuera les coſtez : car poſant les cubes pour coſtez, il eſt tout euident que le cube du rectangle ſera le rectangle de ces meſmes cubes ; & partant la queſtion ne s'eſtend point à autre choſe, ſinon qu'eſtant donnee la difference des coſtez & le rectangle, trouuer iceux, qui ſont les cubes deſquels la difference eſt donnee ; c'eſt pourquoy le procedé eſt en tout ſemblable à celuy du 3. Zetetique, ſinon qu'il faut cuber le rectangle ; à fin de le faire eſtre engendré des cubes comme coſtez.

ZETETIQVE XVI.

ESTANT donné l'aggregé des cubes, & le rectangle ſoubs les coſtez : on trouuera les coſtez.

THEOREME.

Le quarré de l'aggregé des cubes, moins

le quadruple du cube du rectangle soubs les costez, est egal au quarré de la difference des cubes.

Comme il est facile à inferer par anthitese du Zetique precedent.

Soit l'aggregé des cubes 370. le rectangle soubs les costez 21. le quarré de la difference des cubes sera 99856.

❧❧❧❧❧❧❧❧❧❧❧❧❧❧❧❧❧❧❧❧❧❧❧

ZETETIQVE XVII.

ESTANT donnee la difference des costez, & la difference des cubes; trouuer les costez.

Soit donné B difference des costez, & D solide la difference des cubes. Il faut trouuer les costez.

La somme des costez soit E, donc E+B sera le double du plus grand, & E—B le double du plus petit : mais la difference des cubes d'iceux est $6BEQ+2BC$ egal, par consequent à 8D solides.

C'est pourquoy $\dfrac{DS—CB}{3B}$ sont egaux à E quarré.

Mais le quarré estant donné le costé le sera aussi, & la difference des costez estant donnee & la somme d'iceux les costez seront donnez.

Donc estant donnee la difference des costez, & la difference des cubes, on trouuera les costez.

THEOREME.

Le quadruple de la difference des cubes, moins le cube de la difference des costez, estant appliqué au triple de la difference des costez, produit le quarré de la somme des costez.

Soit B6, D solide 504. le quarré de la somme des costez sera 100.

❀❀❀❀❀❀❀❀❀❀❀❀❀❀❀❀❀❀

ZÉTETIQVE XVIII.

ESTANT *donnee la somme des costez, & la somme des cubes, distinguer les costez.*

Soit B la somme des costez, D solide la somme des cubes, il faut donner les costez.

La difference des costez soit E, donc B+E est le double du plus grand costé, & B−E le double du plus petit ; & partant la somme des cubes d'iceux sera 2BC+6BEQ esgaux, par consequent 8D solide.

C'est pourquoy $\dfrac{4D \text{ sol.} - BC}{3B}$ sont egaux à E quarré:

Mais le quarré estant donné on donnera le costé, & la somme des costez estant donnee, & la difference, les costez seront donnez.

Donc estant donnee la somme des costez & la somme des cubes; on donnera les costez.

THEOREME.

Le quadruple de la somme des cubes, moins le cube de la somme des costez, appliqué au triple de la somme des costez, donne le quarré ue la difference des costez.

B soit 10. D solide 370. Eq sera 64.

SCHOLIE.

$2BC+6BEq$ est la difference des cubes de $B+E$ & de $B-E$ & non pas $2BC-6BEQ$ comme il y a au Latin, lequel V assez a esté trop religieux d'obseruer.

ZETETIQVE XIX.

ESTANT *donnee la difference des costez, est la difference des cubes; trouuer les costez.*

Soit donnee la difference de deux costez B, & la difference des cubes D sol. il faut trouuer les costez.

Le reEtangle soubs les costez soit A plan: Or comme il est euident par l'origine du cube, que si de la difference des cubes on souStraiEt le cube de la difference, le reSte sera le triple

triple du solide fait du rectangle soubs les costez par là
difference des mesmes costez: C'est pourquoy D sol —— BC,
sera egal à 3 BA plan, le tout estant divisé par 3B, $\dfrac{DS — BC}{3B}$

est egal à Ap.

    Mais estant donné le rectangle soubs les costez & la
difference d'iceux ; on donnera les costez.

    Estant donc donnee la difference des costez, & la
difference des cubes, on trouuera les costez.

THEOREME.

La difference des cubes moins le cube de
la difference des costez , estant appliquee
au triple de la mesme difference des costez,
ce qui sera produit est le rectangle soubs les
costez.

    Soit B4. D solide 316. A plan est faict 21. rectan-
gle des deux costez 7 & 3.

    Que si par la difference des cubes & rectangle on
recherchoit la difference des costez, supposant A plan estre
F plan, & que B fust celuy ce dont est question. Iceluy soit
A l'egalité Aduiendra ainsi, AC+3FP1A, est egal
à D solide, c'est à dire.

Le cube de la difference des costez , plus
le triple du solide du rectangle soubs les costez, par la difference des mesmes, est egal
à la difference des cubes.

    Ce qu'il a falu remarquer.

SCHOLIE.

6, Il y a au Latin 3, au lieu de 3 B, qui a esté suiuy de Vasset, sans regarder comme en beaucoup d'autres endroicts, que c'est vne erreur d'impression ; mais cecy ne seroit rien, s'il n'auoit commis que ceste faute.

ZETETIQVE XX.

DERECHEF auſſi, eſtant donné l'aggregé des coſtez, & l'aggregé des cubes, trouuer les coſtez.

G, ſoit donné l'aggregé des coſtez, & D ſol. ſoit auſſi donné pour l'aggregé des cubes, il faut trouuer les coſtez.

A plan ſoit le rectangle ſoubs les coſtez, ou comme il eſt euident par l'origine du cube. Si du cube de l'aggregé des coſtez on oſte l'aggregé des cubes, le reſte ſera egal au triple du ſolide fait du rectangle ſoubs les coſtez par l'aggregé d'iceux. C'eſt pourquoy $\underline{GC - DS}$ eſt egal à Ap.

$$\underline{3\ G}$$

Mais eſtant donné le rectangle ſoubs les coſtez, & l'aggregé d'iceux, les coſtez ſeront donnez.

Donc eſtant donné l'aggregé des coſtez & l'aggregé des cubes, on trouuera les coſtez.

95

THEOREME.

Le cube de l'aggregé des costez, moins l'aggregé des cubes, estant appliqué au triple de mesme aggregé des costez, le plan qui viendra de ceste application sera le rectangle contenu soubs les costez.

Soit G 10. D solide 370. A plan est fait 21. rectangle des costez 7 & 3.

Que si par l'aggregé des cubes, & le rectangle on faisoit demande de la somme des costez, comme si Ap estoit entendu Bp. & que de G fust la question, lequel soit A, l'equation viendroit à ce poinct. AC—3BpA egal à D solide, c'est à dire.

Le cube de l'aggregé des costez moins le triple du solide faict du rectangle soubs les costez par l'aggregé d'iceux, est egal à l'aggregé des cubes.

Ce qui estoit digne d'estre remarqué.

❀❀❀❀❀❀❀❀❀❀❀❀❀❀❀❀

ZETETIQVE XXI.

ESTANT donnez deux solides, l'un faict de la difference des costez par la difference des quarrez, l'autre de la somme des costez par la somme des quarrez, trouuer les costés.

Le premier solide donné soit B solide, le second D solide.

La somme des costez soit A donc $\frac{B \text{ sol}}{A}$ sera le quarré de la difference des costez, & $\frac{D \text{ sol.}}{A}$ l'aggregé des quarrez : mais le double de l'aggregé des quarrez moins le quarré de la difference fait le quarré de la somme des costez : C'est pourquoy $\frac{2 \text{ Dsol.} - \text{B sol.}}{A}$ seront egaux à AQ & toutes les parties de l'equation multipliées par A. 2DS — BS seront egaux à AC.

B stant donc donnez deux solides tels que les proposez, on trouuera les costez.

THEOREME.

Le double du solide faict de la somme des costez, par la somme des quarrés, moins le solide fait de la difference des costez par la difference des quarrez, est egal au cube de la somme des costez.

Soit B solide 32. D solide 272. A cube est faict 512, & la somme des costez 8. le quarré de la difference $1\frac{1}{2}$. c'est à dire 4. c'est pourquoy la mesme difference

ſera √4. donc le moindre coſté eſt 4. moins la moitié du
coſté de 4. & le majeur 4. plus la meſme moitié; c'eſt à
dire 4—√1 & 4+√1.

Soit B ſolide 10. D ſolide 20. A cube eſt fait 30. Donc
la ſomme des coſtez ſera √C. 30. le quarré de leur diffe-
rence $\frac{1.0}{\sqrt{C3}}$. autrement √C $\frac{1.0}{3}$; parquoy la meſme
difference √CC $\frac{1.0}{3}$. & le moindre coſté √C $\frac{1.0}{3}$—
√CC $\frac{1.0.0}{1.9.3}$. le majeur coſté √C $\frac{1.0}{3}$+√CC $\frac{1.0.0}{1.9.3}$.

Cardan en la 93. queſtion du 66. chap. de ſon Arithmetique, a bien recogneu en ceſte hypoteſe, les coſtez eſtre en
proportion, ſçauoir le mineur au majeur, côme 2—√3 à √
2+3. mais il n'en a pas bien exprimé les coſtez.

SHCOLIE.

Vaſſet a mis $\frac{1.0}{\sqrt{C3}}$ & il faut √C $\frac{1.0}{3}$. pour le quarré de
la differeuce des cubes.

ZETETIQVE XXII.

ESTANT donné l'aggregé des quarrez, & la raiſon du rectangle ſoubs
les coſtez au quarré de la difference; trouuer les coſtez.

B plan ſoit donné pour l'aggregé des quarrez, & le
rectangle ſoubs les coſtex ſoit au quarré de la difference,
comme R. à S : Il faut trouuer les coſtez.

Le rectangle soubs les costez soit A plan, Donc le quarré de la difference des costez sera $\frac{S\,A\,P}{R}$, auquel adjousté le double du rectangle, sera l'aggregé des quarrez. Donc $\frac{SAp + 2RAp}{R}$ sera egal à B plan, laquelle equation, resuoquée en analogie S + 2 R sera à R, comme B plan, à A plan.

Donc estant données les conditions exposées, on donnera les costez.

THEOREME.

Comme le quarré semblable de la difference des costez, plus le double du rectangle semblable, au rectangle semblable soubs les costez, ainsi le vray aggregé des quarrez, au vray rectangle.

Soit l'aggregé des quarrez 20. & le Rectangle soubs les costez au quarré de la difference des mesmes, comme 2 à 1, & comme S + 2 R est à R, c'est à dire 1 + 4 à 2, ainsi 20. à 8. C'est pourquoy le Rectangle dont est question sera 8. Donc 20—16 c'est 4, est le quarré de la difference des costez, & 20+16 le quarré de l'aggregé. D'où vient que la difference est V4. la somme V36, le moindre costé v9—V1. le majeur V9+V1.

L'aggregé des quarrez demeurans 20, & la raison du Rectangle soubs les costez, au quarré de la difference comme 1 à 1, sçauoir celuy-cy egal a celuy-la,

3 sera à 1, comme 20 a $\frac{2\cdot\circ}{3}$, parquoy $\frac{2\cdot\circ}{3}$ c'est le rectangle soubs les costez. Donc 20—$\frac{2\cdot\circ}{3}$, c'est a dire $\frac{2\cdot\circ}{3}$ sera le quarré de la difference des costez, & 20+$\frac{2\cdot\circ}{3}$ c'est $\frac{2\cdot\circ\cdot2}{3}$ sera le quarré de l'aggregé. D'où vient que $V\frac{2\cdot\circ}{3}$ est la difference, & $V\frac{2\cdot\circ\cdot2}{3}$ l'aggregé. C'est pourquoy le mineur costé sera $V\frac{2\cdot5}{5}$—$V\frac{5}{3}$ le majeur $V\frac{2\cdot5}{5}$+$V\frac{5}{3}$. Donc Cardan c'est trompé en la question 94 de son Arithmetique chap. 66.

SCHOLIE.

Vasset pour monstrer qu'il n'estoit guere bien versé en la solution des Zeteriques, change en l'hypotese la raison du rectangle au quarré de la difference, en celle du quarré de la difference au rectangle, duquel il a valablement tiré vn Theoreme embrouillé, prenant le quarré de la difference des costez pour le rectangle, & au contraire rapetaçant ce pauure Theoreme des pieces qu'il prend dans l'Autheur contre le sens, & d'autre qu'il y adiouste sans sçauoir comment, luy faisant dire vne chose pour l'autre, comme pour dire (le quarré semblable de la difference, plus le double du rectangle, & il dit) le semblable rectangle soubs les costez, plus le double quarré de la difference, &c.

Fin du second liure des Zetes.

LE TROISIESME
LIVRE DES ZETETIQVES.

ZETETIQVE I.

ESTANT donnée la moyenne de trois lignes droictes proportionnelles, & la difference des extremes ; trouuer les extremes.

Les extremes des proportionnelles sont comme les costez d'vn rectangle egal au quarré de la moyenne.

Il a desia esté exposé, qu'estant donné le rectangle soubs les costez, & la difference des costez, les mesmes costez sont trouuez. Donc le quarré de la moitié de la difference des extremes, adiousté au quarré de la moyenne, sera egal au quarré de la moitié de l'aggregé des extremes.

Soit la difference des extremes 10. la moyenne 12. le quarré de la moitié de 10. qui est 5. est 25. qui adiousté au quarré de 12. 144. faict 169. desquels la racine quarrée est 13. pour la moitié de la somme des extremes, & par le premier Zetetique premier la maieure sera 13 + 5, la mineure 13 — 5, c'est à dire 18. & 8.

O

EN LIGNES.

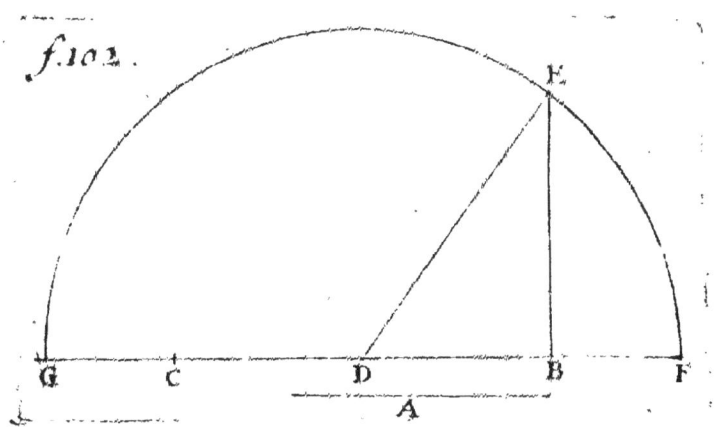

f.102.

La difference des extremes B C, la moyenne A, & il faut trouuer les extremes.

Sur BC, & au poinct B, soit esleuée la perpendiculaire BE, egale à A, & diuisée BC, en deux egalement au point D : puis menée DE, & du point D, & interualle DE, d'escrit le demy-cercle FEG, prolongeant de part & d'autre BC, iusques en F, & G; & les extremes requises seront FB, & BG.

Que cela soit il est euident; car BE, est egal à A, & BD, est la moitié de la difference, desquelles l'aggregé des quartez est egal au quarré de DE, 47. p. 1. laquelle DE, est moitié de FG. Donc FG, sera l'aggregé des extremes, desquelles la difference estant BC, & FB, CG, egales, les mesmes extremes seront FB, & BG, par le Zetetique.

Que la consequence tirée du Zetetique soit veritable, il est certain puisque FG, estant diuisée en deux egalement en D, & en deux inegalement en B, le rectangle FBG, auec le quarré BD, sera egal au quarré de FD, 5. p. 2. c'est à dire au quarré DE, or au mesme quarré de DE, est egal l'aggregé des

quarrez de BE, BD, partant le rectangle FBG, auec
le quarré BD, est egal au quarré BE, auec le quarré
BD, ostant de choses egales, la commune qui est le
quarré de BD, restera le rectangle FBG, egal au
quarré de BE, par consequent FB, BE, BG, proportionnelles par la 17e. p. 6e.

ZETETIQVE II.

ESTANT *donnée la moyenne de
trois lignes droictes proportionnelles,
& l'aggregé des extremes : trouuer les
extremes.*

*Ce probleme a aussi esté cy deuant exposé au Zet. 4.
du liure 2. sçauoir, estant donné le rectangle soubs les
costez, & la somme d'iceux, trouuer les costez.*

*Soit la moyenne 12. la somme des extremes 26. la
moindre extreme sera 8. la plus grande 18.*

EN LIGNES.

En la figure precedente la moyenne soit A, &
la somme des extremes FG, il faut trouuer les extremes sur BC, soit descrit le demy cercle FEG,
& sur l'extremité F, esleuée la perpendiculaire FH,
egale à A: puis du poinct H, menée HE, parallele a
FG, coupant la circonference de ce cercle en E, duquel poinct abaissant EB, perpendiculaire sur FG,
les extremes requises seront FB, BG.

ZETETIQVE III.

EStant donnée la perpendiculaire d'vn triangle reEtangle, & la difference de la baſe à l'hypotenuſe : trouuer la baſe & hypotenuſe.

Ce probleme a cy deuant eſté expliqué, car il eſt le meſme, qu'Eſtant donnée la difference des quarrez & la difference des coſtez, trouuer les coſtez : D'autant que le quarré de la perpendiculaire eſt la difference du quarré de l'hypotenuſe, au quarré de la baſe. Soit donc la perpendiculaire d'vn triangle reEtangle donnée D, & la difference de la baſe à l'hypotenuſe B ; il faut trouuer la baſe & l'hypotenuſe.

La ſomme de la perpendiculaire & hypotenuſe ſoit A. Donc BA, ſera egal à Dq, & par conſequent $\frac{Dq}{B}$ egal à A.

Mais eſtant donnée la ſomme des coſtez, & leur difference, les coſtez ſeront auſſy donnez.

Eſtant donc donnée la perpendiculaire d'vn triangle reEtangle & la difference de la baſe à l'hypotenuſe ; on trouuera la baſe & l'hypotenuſe.

THÉOREME.

LA perpendiculaire d'vn triangle reEtangle eſt moyenne proportion-

nelle, entre la difference de la base à l'hy-
potenuse, & leur somme.

Soit D 5 , B 1 , *les proportionnelles sont* 1 , 5 , 25 ,
& partant l'hypotenuse sera 13 , *la base* 12 , *la perpen-*
diculaire demeurant 5. *pour ceste raison , le zetetique*
suiuant est mesme que celui cy.

EN LIGNES.

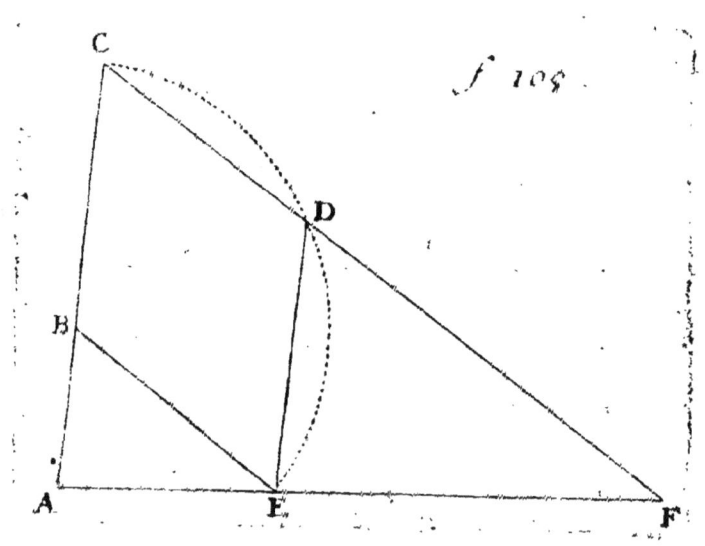

La difference de la base & hypotenuse soit AB, la
perpendiculaire BC, il faut trouuer la somme des
costez.

Du point B, comme centre & de l'interualle BC,
soit descrit l'arc de cercle CDE, dans lequel soient
appliquez successiuement CD, DE, chacune ega-

le à BC, puis tirant AE, & prolongeant CD, iusques à ce qu'elles se rencontrent en F, la ligne DF, sera la somme de la base & hypotenuse, lesquels seront dicernez par le premier Zetetique du premier liure.

La demonstration est que BC, CD, DE, EB, estant egales, les lignes BC, DE, seront paralelles. Pareille BE, CD, & par consequant les triangles BAE, DEF semblables; partant comme AB sera à DE, ainsi EB, à DF, mais DE, & EB, sont égalles chacune à BC, donc AB, sera à BC, comme BC, à DF, qui sera la somme de l'hypotenuse & base, ce qu'il falloit montrer.

On pourroit encore trouuer les costez par l'exegetique du 3. Zetetique du 2. liure preceddent auquel le lecteur est renuoyé.

DETERMINATION.

La determination des choses proposées en ce Zetetique est, qu'il faut que la difference de la base & l'hypotenuse soit moindre que la perpendiculaire, à cause que ceste difference & la somme des mesmes base & hypotenuse, sont les extremes de trois proportionnelles, & que la somme est plus grande que la differéce: partant le terme moyen qui est la perpendiculaire est plus grand que le plus petit des termes qui est la difference, & moindre que le plus grand qui est la somme: De semblable façon on peut determiner le Zetetique suiuant, duquel l'exegetique en lignes est mesme que celuy cy.

ZETETIQVE IV.

EStant donnée la perpendiculaire
d'vn triangle rectangle, & la somme de la base & hypotenuse ; trouuer la
base & hypotenuse.

Soit la perpendiculaire 5, la somme de la base & hypotenuse 25, les proportionnelles sont 25, 5, 1, c'est pourquoy la difference de la base à l'hypotenuse est 1, & la
mesme base 12, l'hypotenuse 13.

L'exegetique en lignes est semblable à la precedente.

ZETETIQVE V.

EStant donnée l'hypotenuse d'vn triangle rectangle & la difference des
costez d'autour l'angle droit ; trouuer i-
ceux.

Cecy est, estant donnée la difference des costez, &
la somme des quarrez, trouuer les costez, ce qui a desia
esté montré au zet. 5. l. 2.

Soit l'hypotenuse d'vn triangle rectangle donnée D,
la difference des costez d'alentour l'angle droit B, il
faut trouuer les costez d'alentour l'angle droit, la somme
de ces costez soit A; donc A + B sera le double du plus

grand cofté & A—B, le double du plus petit, les quarrez faicts de chacun d'iceux adioustés ensemble font
Aq + 2 Bq, qui partant font égaux à 4 DQ, c'est
pourquoy 2 Dq—Bq, feront égaux à Aq.

Eftant donc donnée l'hypotenuse d'vn triangle rectangle & la difference des coftez autour l'angle droict,
on trouuera les coftez.

THEOREME.

LE double du quarré de l'hypotenuse,
moins le quarré de la difference des
coftez d'autour l'angle droict eft égal au
quarré de la fomme d'iceux.

Soit D 13. B 7. le quarré de la fomme des coftez
d'alentour l'angle droict, fera 338. — 49. ou 289
& A, fera √ 289. les coftez autour l'angle droict
√ 72 $\frac{1}{4}$ + 3 $\frac{1}{2}$ & √ 72 $\frac{1}{4}$ — 3 $\frac{1}{2}$ c'eft à dire 12,

& 5.

L'exegetique en ligne eft mefme que celle du 5e.
Zet. liure deuxiéme.

***

ZETETIQVE VI.

EStant donnée l'hypotenuse d'vn triangle rectangle, & la fomme des
coftez reftans; trouuer iceux.

THEOREME

THEOREME.

LE double du quarré de l'hypotenuse, moins le quarré de la somme des costez restant, est egal au quarré de leur difference.

Comme il se peut inferer par l'antithese de l'equation precedente.

Soit derechef l'hypotenuse 13. la somme des costez d'alentour l'angle droict 17. le quarré de leur difference sera 49. partant A, est V 49. & les costez d'alentour l'angle droict $8\frac{1}{2}+V 12\frac{1}{4}$ & $8\frac{1}{2}-V12\frac{1}{4}$ c'est à dire 12. & 5.

L'exegetique en lignes est semblable à celle du sixiesme Zetetique liure 2.

ZETETIQVE VII.

ON trouue en nombre trois lignes droictes proportionnelles.

THEOREME.

DEux costez estans pris, lesquels soient entr'eux comme nombre à nombre, la plus grand' extreme sera faite semblable au quarré du plus grand costé, le moyen au rectangle soubz les costez & le moindre du plus petit costé.

Soient les costez rationnels B & D, si on suppose B, estre la premiere des proportionnelles, D la seconde, $\frac{DE}{B}$

sera la troisiesme. Le tout multiplié par B, l'ordre des proportionnelles sera

1	2	3
Bq.	BD.	Dq.

Soit B 2. D 3. les proportionnelles seront 4. 6. 9.

ZETETIQVE VIII.

ON trouue en nombre vn triangle rectangle.

THEOREME.

EStans constituees trois proportiõnelles en nombre, l'hypotenuse est faicte semblable à la somme des extremes, la base à la difference, & la perpendiculaire au double de la moyenne.

Car il a desia esté monstré que la perpendiculaire est moyenne proportionnelle entre la difference de la base à l'hypotenuse, & l'aggregé d'icelle. C'est au 3e. zet. l. 3.

*soient mises en auant trois proportionnelles en nombre
4. 6. 9. d'icelle sera faitte l'hypotenuse d'vn triangle rectangle 13. la base 5. la perpendiculaire 12.*

ZETETIQVE IX.

ON *trouue en nombre vn triangle*
rectangle.

THEOREME.

EStant pris deux costez rationels l'hypotenuse, est faitte semblable à la somme des quarrez, la base à la difference et
la perpendiculaire au double du rectangle
soubz les costez.

*Soient deux costez B et D. Donc les trois costez B, D,
Dq sont proportionnaux. Le tout multiplié par B, les trois*
  B
*Bq, BD, Dq, sont proportionnaux: desquels par ce qui
a esté dict au zetet. precedant, l'hypotenuse sera faitte
semblable à Bq + Dq. la base à Bq = Dq. et la
perpendiculaire à 2 BD.*

*Et encore il a desia esté monstré que le quarré de la
somme des quarrez, est egal au quarré de la difference
d'iceux, auec le quarré du double du rectangle soubs
les costez.*

*Soit B2. D3. l'hypotenuse est faitte semblable à 13.
la base 5. la perpendiculaire 12.*

ZETETIQVE X.

ESt ant donnee la somme des quarrez
de chacune de trois proportionnelles,
auec l'vne des extremes ; on trouuera
l'autre extreme.

THEOREME.

LA somme des quarrez, moins les
trois quarts du quarré de l'extreme
donnée est esgal au quarré, composé de la
moitié de l'extreme donnée, & de toute la
requise.

Cela a esté trouué & demonstré cy deuant au 10.
zet. liu. 2. c'est pourquoy il n'est besoin icy d'vn nouueau procedé.

La somme des quarrez de trois proportionnelles soit
21. la plus grande extreme d'icelle 4. donc 21 — 12,
c'est à dire 9. est le quarré composé de 2. & de la moindre requise : Mais la racine quarree de 9. est V9. c'est
pourquoy la moindre requise est V9 — 2. ou 1.

Mais le mesme aggregé demeurant 21. soit la moin-
dre extresme 1. donc 20 $\frac{1}{4}$ ou $\frac{81}{4}$ est le quarré composé

de $\frac{1}{2}$ & de la maieure requise, or la racine de $\frac{81}{4}$ est

$V \dfrac{81}{4}$ c'est pourquoy $V \dfrac{81}{4} - \dfrac{1}{2}$ est la maieure requise.

SCHOLIE.

Vaffet a bien traduit ce que l'autheur dit en ce Zetetique, que cela a esté demonstré clairement : mais il faudroit auoir de bonnes lunettes pour voir cette demonstration, qui doit estre dans le 10. Zet. du 2. liu. laquelle il a supprimé toute entiere.

ZETETIQVE XI.

EStant donnee la somme des quarrez de chacune de trois proportionnelles, auec la somme des extremes, on trouuera les extremes.

THEOREME.

LE quarré de la somme des extremes, moins la somme des quarrez des trois, est esgal au quarré de la moyenne.

Mais estant donnée la somme des extremes, & la moyenne, on donnera les extremes. la mesme chose a esté si deuant trouue & demonstree c'est pourquoy il n'est plus necessaire d'vn nouueau procedé.

Soit la somme des quarrez de trois proportionnelles 21,

ou la somme des extremes 5. donc 25. — 21. c'est à dire 4. sera le quarré de la moyenne, partant la moyenne est V 4. & les extremes 1. & 4.

SCHOLIE.

Vasset s'est bien gardé de supleer au deffaut du texte, il a mieux aymé qu'on n'entendit ce qu'il a traduict, car au lieu de dire,

La somme des extremes est 5. donc 25. — 21. c'est à dire 4. sera le quarré de la moyenne, il a mis, *la somme des extremes 25. — 21. c'est à dire 4. le quarré de la moyenne* : cela est excusable, il n'y cognoissoit rien.

ZETETIQVE XII.

EStant donnée la somme des quarrez de chacune de trois proportionnelles, & la moyenne: on trouuera les extremes.

THEOREME.

A somme des quarrez des trois, plus le quarré de la moyenne, est esgale au quarré de la somme des extremes.

Par l'equation precedente faisant l'antithese, cela est euident.

Et la somme des extremes estant donnée, auec la moyenne, aussy les extremes seront données.

Soit la somme des quarrez, des trois proportionnelles

21. la moyenne 2. 21. +– 4. c'est à dire 25. est le quarré, de la somme des extremes; & partant les extremes seront V 25. & la plus grande 4. la moindre, 1. par le 2.e zetetique de ce liure.

ZETETIQVE XIII.

EStant donnée la difference des extre-mes, & la difference des moyennes, en l'ordre de quatres continuellement pro-portionnelles; trouuer les continuellement proportionnelles.

Ce mesme probleme a aussi esté cy deuant exposé, en deux zetetiques; car il ne diffère aucunement de cela qu'estant donné la difference des costez, & la difference des cubes, on trouuera les costez, comme le procedé le montrera.

Soit donc la difference des extremes D, & la dif-ference des moyennes B, de quatres continuellement pro-portionnelles; il faut trouuer les proportionnelles.

La somme des extremes soit A, donc A +– D, sera le double de la plus grande extreme & A — D, le dou-ble de la moindre extreme; c'est pourquoy lors que A +– D, sera multiplié en A — D, le produict sera le quadruple du rectangle souz les moyennes ou extremes: donc $\frac{Aq — Dq}{4}$, sera le rectangle, soubz les moyennes

ou extremes, lequel estant multiplié par la plus grande

extreme, fera le cube de la plus grande des moyennes, & par la moindre des extremes, le cube de la plus petite des moyennes, & finalement par la difference des extremes, la difference des cubes des moyennes; c'est pourquoy

$$\frac{DA\,q - DC}{4}$$, est esgal à la difference des cubes des

moyennes. Mais si de la difference des cubes, on oste le cube de la difference des costez, ce qui restera est egal au triple du solide faict de la difference des costez, par le rectangle d'iceux, comme il est euident par la genese du cube faict de la difference des costez.

Partant $\frac{DAq - DC - 4BC}{4}$ est egal au triple du solide faict de la difference des moyennes, par le rectangle soubs les moyennes ou extremes, sçauoir $BAq - 3BDq$

l'equation ordonnée ^{a} $\frac{DC + 4BC - 3BDq}{D - 3B}$ est egal à A.

Estant donc donnee la difference des extremes, & la difference des moyennes en l'ordre de quatre continuellement proportionnelles, on trouuera les continuellement proportionnelles.

Soit D 7, B 2. le quarré de la somme des extremes sera 81, & partant V 81, sera la somme d'icelles & les extremes 1, & 8, les moyennes 2, & 4, continuellement proportionnelles.

I.	II.	III.	IIII.
1.	2.	4.	8.

SCHOLIE.

^{a} Vaffet a voulu changer $\frac{DC + 4BC - 3BDq}{D - 3B}$

en $\frac{DC - 4BC + 3BDq}{D - 3B}$ en quoy il n'a pas beau-

coup

coup bien reuſſy, s'il euſt regardé au Theoreme,
il euſt euité ceſte faute.

✱❧✱❧✱❧✱❧✱❧✱❧✱❧

ZETETIQVE XIV.

DE quatre continuellement proportionnelles, eſtant donnee la ſomme
des extremes & moyennes, trouuer icelles.

Ce probleme a auſſi eſté deſia mis en auant par deux
zetetiques; car il n'eſt en rien diſſemblable à celuy qui dit.
Eſtant donné l'aggregé des coſtez, & l'aggregé des cubes, on trouuera les coſtez. Comme le procede ſera voir.

Soit la ſomme des extremes donnée D, & celle des moyennes B, il faut trouuer les proportionnelles.

La difference des extremes ſoit A, donc le double de
la plus grande extreme ſera D + A, & le double de la
moindre D — A, & eſtant multipliez, ils feront le
quadruple du rectangle ſoubz les moyennes, ou extremes;
c'eſt pourquoy D q ——— A q ſera vn rectangle lequel

$$\frac{}{4}$$

multiplié par la plus grande extreme, fera le cube de la
plus grande des moyennes, par la moindre extreme, le
cube de la moindre des moyennes, & finalement par la
ſomme d'icelles la ſomme des cubes des moyennes; c'eſt
pourquoy D C ——— D A q eſt égal à l'aggregé des

$$\frac{}{4}$$

cubes des moyennes, & ſi du cube de l'aggregé des coſtez
on oſte l'aggregé des cubes, le reſte ſera le triple du ſolide
fait de l'aggregé des coſtez par le rectangle ſoubz iceux,

Q

comme il est euident par la genese du cube faict soubz deux costez.

Partant $\dfrac{4\,BC \underline{\qquad} DC + DAQ}{4}$ *sont esgaux au*

triple du solide faict de l'aggregé des moyennes, par le rectangle soubz les moyennes, ou extremes, sçauoir

$_3 BDQ \underline{\qquad} _3 BAQ,$ *laquelle exequation ordonnée*

$\dfrac{_3 BDQ + DC \underline{\qquad} 4BC}{D + _3 B}$ *seront esgaux à* Aq.

Donc estant donné l'aggregé des extremes & des moyennes, de quatre continuellement proportionnelles, en donnera les proportionnelles.

THEOREME.

LE triple du solide soubz l'aggregé des moyennes, & le quarré de l'aggregé des extremes, plus le cube de l'aggregé des extremes, moins le quadruple du cube de la somme des moyennes, estant apliqué à la somme des extremes, plus le triple de celle des moyennes, le plan qui en viendra sera egal au quarré de la difference des extremes.

Soit D 9, B 6, *le quarré de la difference des extremes sera* 49. *partant icelle* R, 49. *& les extremes seront* 1. & 8. *les moyennes* 2. & 4. *qui seront proportionnelles.*

I.	II.	III.	IIII.
1.	2.	4.	8.

ZETETIQVE XV.

DErechef, eſtant donnee la differẽce des extremes, & celle des moyennes de quatre continuellement proportionnel-les ; trouuer les proportionnelles.

C'eſt le m'eſme que de dire, eſtant donnée la diffe-rence des coſtez, & la difference des cubes, trouuer les coſtez ainſi qu'on cognoiſtra par la ſuitte.

Soit la difference des extremes donnée D, & la difference des moyennes B, il faut trouuer les proportion-nelles.

Le rectangle ſoubz les moyennes ou extremes ſoit Ap, or le cube de la plus grande des moyennes eſt égal au ſolide faict de la plus grande extreme, & du rectangle ſoubz les extremes, & le cube de la moindre moyenne au ſolide faict de la moindre extreme par le rectangle ſous les extremes. C'eſt pourquoy D Ap, ſera egal à la diffe-rence des cubes des moyennes, mais ſi de la difference des cubes on oſte le cube de la difference des coſtez, le reſte ſe-ra egal au triple du ſolide faict de la difference les coſtez par le rectangle ſous iceux, ainſi qu'il ſe void en la gene-ſe du cube faict par la difference des coſtez. Partant
[a] DAp — BC, ſera egal à 3. BAp. l'equation eſtant ordonnée $\dfrac{BC}{D - 3B}$, ſera egal à Ap.

Mais eſtant donné le rectangle ſoubz les coſtez & la difference d'iceux, on donnera les coſtez.

Eſtant donc donnée la difference des extremes, &

celle des moyennes en l'ordre de quatre continuellement
proportionnelles, on donnera les proportionnelles.

THEOREME.

Comme la difference des extremes,
moins le triple de la difference des
moyennes, à la difference des moyennes,
ainsi le quarré de la difference des moyennes, au rectangle sous les moyennes, ou
extremes.

soit D7. B2. Ap, est un rectangle faict soubz les
extremes, 1. & 8. ou des moyennes 2. & 4. & les conti-
nuelles proportionnelles sont.

I.	II.	III.	IIII.
1.	2.	4.	8.

Au contraire si par la difference des extremes, & le
rectangle on demandoit la difference des moyennes, comme si Ap estoit posé F p, & que B dont seroit question
fust A, l'equation seroit telle $\dfrac{A\,C}{D - 3A}$, egal à F p, &

estant ordonnee A C + F p A, est egal à D F p, c'est à
dire, le cube de la difference des moyennes, plus le triple du
solide faict du rectangle soubz les costez par la difference
des moyennes est egal au solide faict du rectangle sous les
moyennes ou extremes par la difference des extremes ce
qui estoit digne de remarque.

SCHOLIE.

[a] Vasset n'a pas bien rencontré en ceste equation,
ceste faute luy vient sinon de nature au moins

par couſtume, qu'il ayme mieux ſuiure les mots ſansles changer, & faillir que les changeant cuiter les fautes; il euſt mieux faict de mettre D A p ――― B C, ſera egal à 3 B A p, que D A p ―――.D C, ſera egal à B A p, ce ſont des fautesordinaires.

EN LIGNES.

Pour faciliter l'exegetique de ceZetetique, nous changerons l'analogie trouuée en ceſte ſorte : la difference des extremes ſoit D, celle des moyennes B, le rectangle ſoubz les coſtez A p ; or pour autant que D ――― 3 B eſt à B, comme B q à A p, en changeant ayant quadruplé les conſequents 4 B, feront à D―3 B, comme 4 A p à B q, & en compoſant D + B ſera D―3 B, comme 4Aq+Bq, à Bq. & en changeant D―3B eſt à D+B, ainſi Bq à 4Ap+ Bq:mais 4Ap+ Bq,ſont egaux au quarré de la ſomme des moyennes. Donc le quarré de la difference des moyennes, ſera au quarré de leur ſomme, comme la difference des extremes, moins le triple de la difference des moyennes à l'aggregé des differences des extremes & moyennes.

Soit donc la difference des extremes D, celle

des moyennes B, il faut trouuer les extremes. de D, ſoit retranché trois fois vne egale à B, & le reſte

ſoit A, en apres à D, ſoit adiouſté B, & la ſomme
ſoit C, & entre A & C, trouuée la moyenne proportionnelle E, cela faict à A E, & B, eſtant trouuée la quatrieſme proportionnelles F, icelle ſera
la ſomme des moyennes, leſquelles ſeront diſtin-
guéespar le premier Zet. du premier.

Cela eſt facile à demonſtrer, à cauſe qu'il ce
voit au procede cy deſſus, que A, eſt à C, comme
le quarré de B, au quarré de la ſomme des moyennes, or le quarré eſt au quarré en raiſon double
du coſté au coſté; c'eſt pourquoy A, eſt à C, en
raiſon doublée de B, à la ſomme des moyennes;
mais A eſt à C, auſſi en raiſon double de A à E, donc
la raiſon de A, à E, eſt egal à celle de B, à la ſomme
des extremes, or A, eſt à E comme, B à F, partant B, ſera à F, comme la difference des moyennes eſt à leur ſomme & par conſequent F, ſera la
ſomme des moyennes, ce qu'il failloit demonſtrer.

DETERMINATION.

Il conuient, affin que le Zetetique ſoit bien propoſé, que le triple de la difference des moyennes
ſoit moindre que la difference des extremes.

ZETETIQVE XVI.

Derechef auſſi, Eſtant donnée la
ſomme des extremes, & celle des
moyennes de quatre continuellement pro-

portionnnelles; trouuer les continuellement proportionnelles.

C'eſt le meſme que de dire, eſtant donné la ſomme des coſtez, & celle des cubes ; trouuer les coſtez, ce qui eſt euident par le procedé.

Soit donc Z, donnée pour la ſomme des extremes, & G pour celle des moyennes, en l'ordre de quatre continuellemēt proportionnelles, il faut trouuer les proportionnelles. le rectangle ſous les moyennes ou extremes ſoit A p. or le cube de la plus grande des moyennes eſt egal au ſolide faict de la plus grande extreme par le rectangle ſoubz les extremes. Et le cube de la moindre moyenne, au ſolide faict de la moindre extreme par le rectangle ſouz les extremes; C'eſt pourquoy ZAp. ſera egal à la ſomme des cubes des moyennes : Mais ſi du cube de la ſomme des coſtez, on oſte la ſomme des cubes, le reſte ſera egal au triple du ſolide faict de la ſomme des coſtez par le rectangle ſouz iceux, ainſi qu'il ce voit en la geneſe du cube faict par la ſomme de deux coſtez. Partant ＊ GC − ZAp, ſera egal à 3 GAp. l'equation eſtant ordonnée^c $\dfrac{GC}{Z+3G}$ ſera egal à Ap.

Mais eſtant donné le rectangle ſouz les coſtez & leur ſomme, on trouue les coſtez.

Donc eſtant donné la ſomme des extremes, & celles des moyennes de quatre continuellement proportionnelles, on trouuera les proportionnelles.

THEOREME.

Omme la sōme des extremes, moins le triple de la ſomme des moyennes,

*eſt à la ſomme des moyennes, ainſi le
quarré de la ſomme des moyennes au rectangle ſoubs les moyennes ou extremes.*

Soit Z9. G6. A *plan eſt faict* 8. *rectangle faict
ſouz les extremes* 1. & 8. *ou des moyennes* 2. & 4.

Que ſi par la ſomme des extremes & du rectangle
on faiſoit recherche de la ſomme des moyennes, en ſorte
Ap fuſt ſuppoſé Bp : mais que la queſtion fuſt de G,
poſé eſtre A. Lors l'equation viendroit ainſi AC - 3BpA
eſt egal à BpZ.

C'eſt à dire le cube de la ſomme des ^c moyennes,
moins le triple du ſolide faict de la meſme ſomme par
le rectangle ſouz les extremes ou moyennes ; eſt egal au
ſolide de la ſomme des extremes, par le rectangle ſouz
les moyennes ou extremes. Ce qu'il falloit remarquer.

SCHOLIE.

^a Vaſſet à mis DC pour GC, à cauſe qu'il l'a-
uoit trouué au latin, c'eſt en quoy ſe montre auoir
eſté beaucoup plus ſçauant au latin qu'en la ſcience,
dont traitoit le latin qu'il a traduit.

^b Il a auſſi faict la meſme faute de DC, pour GC.

^c Cela eſt inſuportable que ſur la fin & en ſuitte
d'vne equation, de laquelle vn theoreme a eſté tiré
il aye eſcrit, extremes, pour moyennes. S'il euſt
pris garde à la conſtitution de l'equation, il euſt
trouué que AC eſt le cube duquel il eſt parlé, &
qu'eſtant celuy de la ſomme des moyennes, il le
deuroit mettre, & non pas ſuiure l'erreur de l'impreſſion latine.

EN

EN LIGNES.

Nous changerons l'analogie de ce Zetetique, ainſi que celle du precedent, en ceſte ſorte : B, eſt la ſomme des moyennes, D, celle des extremes, A p, le rectangle ſoubz les moyennes ou extremes; partant 3 B + D, eſt à D, comme B q à A p. en changeant & quadruplant les conſequents 4 B q, ſont à 3 B + D, côme 4 A p à B q, par diuiſion D — B, eſt à 3 B + D, comme B q — 4 A p, à B q : mais B q — 4 A p eſt egal au quarré de la difference des moyennes; donc en changeant comme 3 B + D, ſont a D — B, ainſi B q, au quarré de la difference des moyennes.

Faut venir à la compoſition qui ſe fera ainſi :
La ſomme des moyennes ſoit B. celle des ex-tremes D; il faut trouuer les pro-

portionnelles. Soit A la difference ou l'excés de D ſur B, & C la compoſée de D & du triple de B. & entre A & C trouuée la moyenne proportiónelle E, cela fait aux trois lignes droites C, E, & B, ſoit trou-uée F, quatrieſme proportionnelle, & icelle ſera la differéce des moyénes, deſquelles la ſomme eſt B, & ſeront diſtinguées par le premier Zetetique, pr. li. pour les extremes, à cauſe que leur ſomme & le rectangle ſoubz icelles eſt cognu, ſçauoir celuy des moyennes elles ſeront facilement cognuës par le 4. Zetetique du 2. liure.

Que F, ſoit la difference des moyennes, il eſt

R

euident : d'autant que C est à A, comme le quarré de
B, au quarré de la difference des moyennes : mais le
quarré est au quarré, en raison double du costé au
costé, & C, est à A, en raison double de C, à E,
donc C, sera à E, comme B, à la difference des
moyennes : or C, est à E, comme B à F, donc F,
est la difference des moyennes. ce qu'il falloit monstrer.

DETERMINATION.

Par le procedé precedent il est euident que la
somme des moyennes proposées doibt estre moindre que la somme des extremes.

Faut noter, que la determination de ce Zetet.
& celle du precedét à lieu, lors que les continuellement proportionnelles font dans l'inegalité & non
en l'egalité ; c'est pourquoy pour mieux les determiner, on peut dire pour le Zetetique precedent,
qu'il faut que le triple de la difference des moyennes, ne soit pas plus grand que la difference des
extremes. & en celuy-cy.

Que la somme des moyennes, ne soit point
plus grande que celle des extremes.

LE QVATRIESME

LIVRE DES ZETETIQVES.

ZETETIQVE I.

TRouuer deux nombres quarrés e-
gaux à vn nombre quarré.

Soit vn nombre quarré donné F quarré. il faut trouuer deux quarrez égaux à iceluy.

Soit faict vn triangle rectangle en nombre, duquel
l'hypotenuse soit Z, la base B, la perpendiculaire D, &
soit faict vn triangle semblable à iceluy, ayant son hypotenuse F, en faisant comme Z à F ainsi B, à quelque
base; laquelle sera $\frac{B\,F}{Z}$, & de rechef comme Z, à F, ainsi
D à la perpendiculaire, laquelle sera $\frac{D\,F}{Z}$. Partant les
quarrez de $\frac{B\,F}{Z}$ & $\frac{D\,F}{Z}$ seront egaux à Fq. ce qui estoit
à faire.

Et c'est ou tend l'Analise de Diophante, selon laquelle il
faut diuiser Bq en deux autres quarrez, car le costé du premier quarré soit A, du second B —— $\frac{SA}{}$, le quarré du pre-

mier cofté eft Aq, *du fecond* Bq $- \dfrac{2\,S\,A\,B}{R} + \dfrac{Sq\,Aq}{Rq}$

lefquels deux quarrez font par confequent egaux ᵃ Bq.

En ordonnant l'equation $\dfrac{2\,S\,R\,B}{Sq + Rq}$ *feront egaux à* A. *cofté du premier quarré des particulieres. Et le cofté du fecond eft faict* $\dfrac{Sq\,B \overline{=\!=} Rq\,B}{Sq + Rq}$; *Et certes on fait en nôbre vn triangle rectangle des deux coftez,* S *&* R, *& l'hypotenufe eft faicte femblable à* Sq+Rq. *La bafe à* Sq═Rq. *La perpendiculaire à* 2 S R ᵃ. *C'eft pourquoy pour diuifer* Bq, *il faut faire comme* Sq+Rq *à* B *l'hypotenufe d'vn triangle femblable, ainfi* S q ═ R q, *à la bafe, vn des coftez d'vn des quarrez particuliers, & ainfi* 2 S R *à la perpendiculaire, cofté de lautre.*

Soit B 100. *au quarré duquel il en faut trouuer deux autres egaux. & foit faict vn triangle rectangle en nombre de* S 4, R 3, *le triangle eft faict tel que l'hypotenufe eft* 25, *la bafe* 7, *la perpendiculaire* 24. *c'eft pourquoy on fera comme* 25 à 7, *ainfi* 100 à 28. *& comme* 25 à 24, *ainfi* 100 à 96. *donc le quarré de* 100 *fera egal au quarré de* 28 *plus le quarré de* 96.

SCHOLIE.

ᵃ   Vaffet contre l'aduis de celuy qui a publié fa deffence a changé le texte de l'autheur en ce lieu, & voyez comme il exprime fa conception, *doncques pour feparer* B *quarré en deux autres quarrez, il faut faire comme* S q † R q à S q ─ R q *ainfi l'hypotenufe du triangle à la bafe, qui fert de cofté, à l'vn des quarrez, & comme* S q ─ R q. à S *par* 2R, *ainfi la bafe du triangle femblable au perpendicule qui fert de cofté à l'autre des quarrez.*

Mon opinion eſt qu'il faut mettre comme, Sq —†
Rq, à Sq ═ Rq, ainſi B, &c. afin d'euiter la comparaiſon des hetereogenes.

ZETETIQVE II.

TRouuer en nombre deux quarrez
egaux à deux autres quarrez donnez.

ſoient donnez en nombre deux quarrez B q & D q.
il faut trouuer deux autres quarrez egaux à iceux.

ſoient B ſupoſé la baſe d'vn triangle rectangle, D
la perpendiculaire, c'eſt pourquoy le quarré de l'hypotenuſe eſt egal à B q + D q, ſoit icelle hypotenuſe Z, ceſt rationnel ou irationnel. & ſoit ſupoſé vn autre triangle rectangle en nombre duquel l'hypotenuſe ſoit X, la baſe F,
la perpendiculaire G. & de ces deux conſtitué vn troiſieſme triangle par le ſynæreſe ou diæreſe, comme il eſt
enſeigné dans les notes premieres. par la premiere methode l'hypotenuſe ſera ſemblable à Z X, la perpendiculaire ſemblable à B G + D F, la baſe ſemblable à
B F ═ D G; par la ſeconde l'hypotenuſe eſt faicte ſemblable à Z X. la perpendiculaire à B G ═ D F, la baſe
à B F † D G. & tous ces plans faicts par les coſtez des
triangles ſupoſez, ſoient appliquez à X, donc l'hypote-
nuſe Z demeurant, la baſe eſt faicte $\frac{\text{B F} ═ \text{D G}}{\text{X}}$, la perpendiculaire $\frac{\text{B G} + \text{D F}}{\text{X}}$, par la premiere methode. &
par la ſeconde la baſe eſt faicte $\frac{\text{B F} + \text{D G}}{\text{X}}$, la perpendiculaire $\frac{\text{B G} ═ \text{D F}}{\text{X}}$,

Partant les deux quarrez de ces coſtez contenant l'angle droiſt ſeront egaux au quarré de l'hypotenuſe Z, auquel auſſi eſt egal par la conſtruction Bq+Dq, ce qui
eſtoit à faire.

Et c'eſt la fin de l'Analiſe de Diophante, ſelon laquelle
il conuient diuiſer Zq, ou plan deſia diuiſé en deux quarrez, ſçauoir Bq & Dq. de rechef en deux autres quarrez.

Le coſté du premier quarré à trouuer ſoit A+B, du
ſecond $\dfrac{S A}{R}$ — D ſoient faiſts leurs quarrez, & comparez

auec les deux quarrez donnez Aq + 2 BA + Bq +
$\dfrac{Sq A q}{Rq}$ — $\dfrac{2 S D A}{R}^{2}$ + Dq ſeront egaux à Bq+Dq.

Laquelle equation eſtant ordonnée $\dfrac{2 RSD - 2 Rq B}{Sq + Rq}$

ſera egal à A. donc le coſté du premier quarré conſtitué
lequel eſtoit A+B, eſt faiſt $\dfrac{2 RSD + SqB - RqB}{Sq + Rq}$. Le coſté

du 2, lequel eſtoit $\dfrac{S A}{R}$ — D, eſt faiſt $\dfrac{SqD - 2SRB - RqD}{Sq + Rq}$

Ce qui eſtant bien conſideré, on trouuera qu'il y à deux
triangles conſtituez, le premier duquel l'hypotenuſe rationnelle ou irrationnelle eſt Z, la baſe B, la perpendiculaire D. Le ſecond eſt faiſt des deux S & R, duquel par
conſequent l'hypotenuſe eſt faiſte ſemblable à Sq+Rq,
la baſe à Sq=Rq, la perpendiculaire 2 SR, & que de
ces deux a eſté compoſé le troiſiéme par le diæreſe, & les
ſolides ſemblables faiſts par les coſtez appliquez à S q,
— Rq. dequoy il s'enſuit que Z, eſt vne hypotenuſe commune tant au premier qu'au troiſieſme triangle; c'eſt pour
quoy les quarrez des coſtez d'autour l'angle droit du premier ſont egaux aux quarrez des coſtez d'autour l'angle

droit du troisieme.

Que si le costé du premier quarré est posée A —— B, du second $\underline{SA--D}$, *2 S R D + 2RqB font egaux à A. & le costé*
$$\frac{}{R} \quad Sq + Rq.$$

du premier quarré requis est faict $\dfrac{2SRD - SqB + RqB}{Sq + Rq}$ *du*

second [b] $\dfrac{2SRD + SqD - RqD}{Sq + Rq}$ *ce qui est avoir faict vn tri-*

angle par la methode exposée du synærese.

Soit B 15, D 10, De quoy vient que Z est faict V 325.
soit exposé vn triangle rectangle en nombre, 5,3,4. l'vn
des costez requis est 18, l'autre 1, ou l'vn 6, & l'autre 17.

SCHOLIE.

[a] Sy Vaſſet n'euſt point tant eſté preſſé, ie croy qu'il euſt mis en ſon errata qu'il faut changer en ſa verſion $\dfrac{Sq \, par \, Aq - S \, par \, D}{R.}$, par 2 A en $\dfrac{S\,q,\, Aq --2SDA}{Rq \quad S}$

[b] Mais pour celle cy, le loiſir ne luy euſt pas faict cognoiſtre, car il n'a faict que ce qu'il a trouué dans le latin, ſoit-bien, ſoit mal; & au lieu de $\dfrac{2SRD + SqD - RqD}{Sq + Rq}$, qu'il faut lire, il à mis

$$\frac{2SRD + RqD - RqD}{Sq + Rq}.$$

L'autheur appelle ſynæreſe quand de deux triangles rectangles on en conſtituë vn autre duquel, l'hypotenuſe ſoit ſemblable, au plan faict ſoubz les hypotenuſes du premier & ſecond, la baſe ſemblable à la difference du rectangle des baſes, à celuy des proportionnelles & la perpendiculaire à la ſomme des rectangles des perpendiculaires & baſes alternement priſes, à cauſe que ce troiſiéme triangle à

l'angle aigu (cela s'entend celuy qui est opposé à la
perpendiculaire) egal à l'aggregé des deux aigus des
autres triangles. le diærese au contraire : qu'vn triangle ainsi deduict de deux autres soit semblable à
vn triangle rectangle ayant l'angle aigu egal à la
somme des angles aigus des deux autres cela sera
monstré ainsi.

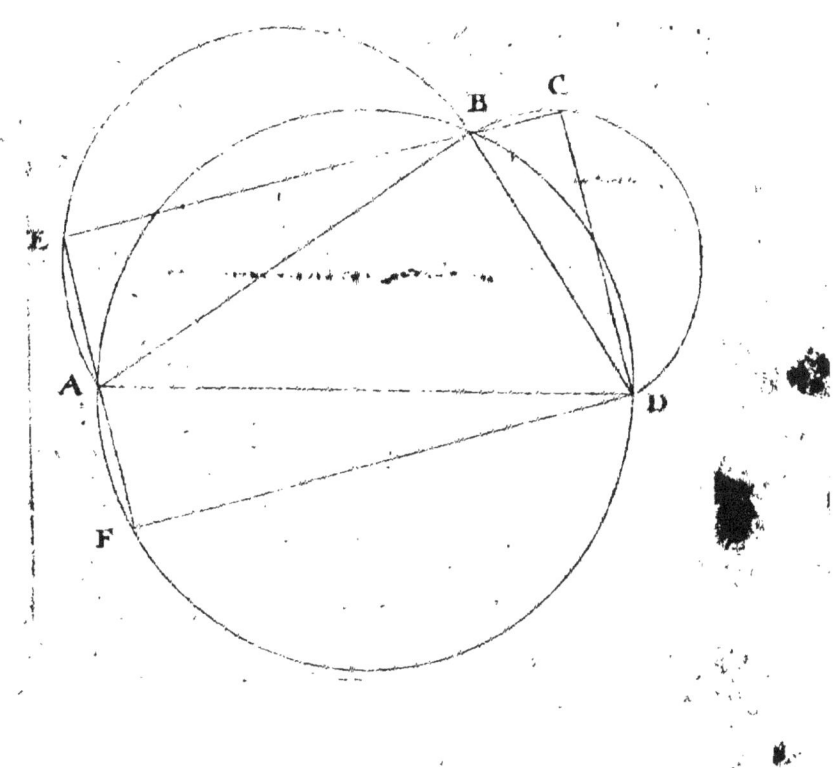

Soient deux triangles rectangles DCB, DBA.
desquels les hypotenuses soient DB, DA. les bases, DC, DB, les perpendiculaires CB, BA, ie dis
que le triangle rectangle DFA, ayant l'hypotenuse DA, la base FA, la perpendiculaire DF, &
l'angle au poinct A, egal à la somme des deux angles aigus, des deux autres triangles CDB,
DBA

DBA, eſt deduict par le ſinæreſe ainſi qu'il eſt cy deſſus expoſé.

Auparauant que de demonſtrer cela, nous prouuerons l'angle DAF, egal aux deux CDB, BDA, ce qui eſt facile à cauſe que tous deux enſembl., font l'angle CDA, & que les lignes CD, EF ſont paralleles comme eſtant toute deux perpendiculaires ſur EC, & eſtant coupez par AD, l'angle DAF eſt egal à ADC, par la 29ᵉ. prop. du pᵉ. d'Eu. partant les angles BDC, BDA, enſembles egaux à DAF.

Maintenant nous viendrons à la demonſtration du propoſé ainſi DF, & CE, ſont egalles pareillement DC, FE, & les triangles DCB, BEA equiangles, & la difference du rectangle des baſes DB, DC, au rectangle des perpendiculaires CB, BA, c'eſt à dire DB, AE, eſt le rectangle de DB, AF, qui eſt au rectangle DB, AB, comme FA, baſe à DA, hypotenuſe

Item la ſomme des rectangles de la baſe DB, par la perpendiculaire BC, & du rectangle DC, BA, c'eſt à dire DB, BE, eſt le rectangle DB, CE, qui eſt au rectangle ſoubz les hypotenuſes DB, FA, comme CE c'eſt à dire DF, à l'hypotenuſe DA. partant le triangle deduit comme deſſus ſera ſemblable au triangle DFA, lequel à l'angle aigu des conditions demandées pour le ſinæreſe.

Le diæreſe eſt lors qu'vn triágle à l'angle aigu egal à la differéce entre les angles aigus des deux triágles deſquels eſt conſtitué des deux au contraire du ſinæreſe, eſt à dire en prenant la ſomme de ce que l'on a pris la difference, & prenant la difference de ce qu'on a aſſemblé, cela eſt en la méme figure preſ-

S

cedente, en laquelle le triangle ADF, à l'angle au poinct D, egal à la difference entre l'angle BAD, & EBA, à cause que les angles EAB, BAD, DAF, sont egaux à deux droits, comme aussi EAB, EBA, DAF, ADF, ostant de choses egales, choses egales, restera l'angle BAD, egal à l'angle EBA, auec ADF, lequel ADF, excedera EBA, de l'angle ADF, difference entre l'angle BAD, du triangle DAB, & l'angle ABE, du triangle rectangle ABE ; c'est pourquoy ie dis que le triangle rectangle DFA, sera deduit des deux ABE, ABD, comme il a esté dit.

Car les perpendiculaires sont DB, AE, FA; les bases BE, BA, DF, & les hypotenuses DA, BA.

Or le rectangle sous les bases est ABE, qui adiousté au rectangle soubz les perpendiculaires AE, BD, c'est à dire ABC, faict le rectangle AB, CE, c'est à dire AB, DF; & partant comme la somme de ces rectangles est au rectangle BAD, ainsi DF, base du troisiéme à son hypotenuse DA.

En apres la difference des rectangles soubz les perpendiculaires & base alternement; sçauoir BAE, & EBD, c'est à dire DC, BA, qui est le rectangle de BAF, (à cause que EF est egale à DC.) est au rectangle BAD, comme FA, à DA, donc le triangle DFA, sera semblable à celuy qui sera deduit des deux autres par la methode diæretique ce qu'il failloit monstrer.

La mesme chose sera monstrée, encore que les triangles fussét posés auoir les costez tous inegaux comme nous ferons plus amplement veoir au traicté de la section des angles que nous esperons mettre en bref en lumiere.

ZETETIQVE III.

DErechef, trouuer en nombre deux quarrez egaux à deux autres quarrez donnés.

Soient les deux quarrez donnez, B q & D q. il faut trouuer deux autres quarrez egaux à iceux, soit supposé vn triangle rectangle en nombre duquel l'hypotenuse soit B. derechef soit faict vn autre triangle semblable au premier ayant l'hypotenuse D, & de ces deux triangles semblables soit faict vn troisiesme triangle, le quarré de l'hypotenuse duquel soit egal au quarré de l'hypotenuse du premier & second, par la methode exposée aux notes: donc le quarré de l'hypotenuse du troisiesme sera egal à B q + D q. lesquels quarrez seront aussi egaux aux quarrez des costez d'alentour l'angle droit du triangle deduit, & ceste methode est aussi tirée de l'analise de Diophante cy deuant expliquée.

Soit B 10, D 15, on constituera les costez d'alentour l'angle droit, du premier triangle 8 & 6. du second semblable au premier, 12, & 9, les costez d'alentour l'angle droit du troisiesme seront 18 & 1, ou 6, & 17. les quarrez des deux premiers ou des deux derniers seront egaux aux quarrez de 10, & 15.

SCHOLIE.

La methode de constituer ce troisiéme triangle est en adioustant la perpendiculaire du premier auec la base du second, & prenant la difference de la base du premier à la perpendiculaire du second.

que cela face vn triangle rectangle duquel le quarré de l'hypotenuse soit egal à la somme des quarrez des hypotenuses des triangles semblables. Il est euident par la precedête figure en laquelle les triâgles semblables sont A B E, B D C & le triangle deduit d'iceux DAF ayant le costé DF egal à CE composé de la perpendiculaire du premier & base du second, la base F A, qui est la difference entre la base du premier E A, & la perpendiculaire du second D C, & son hypotenuse est D A, delaquelle le quarré est egal aux deux quarrez de A B, & D B, à cause que D B A, est vn triangle rectangle.

ZETETIQVE IIII.

TRouuer deux triangles rectangles semblables ayans les hypotenuses données, en sorte que la base d'vn troisiéme triangle deduict d'iceux composée de la perpendiculaire du premier & de la base du deuxiéme soit donnée.

Il faut que la base donnée excede l'hypotenuse du premier. a

Soit l'hypotenuse du premier triangle donnée B, celle du deuxiesme semblable au premier D. il faut d'iceux deduire vn troisiesme triangle, duquel la base soit egale

à N , composée de la perpendiculaire du premier & base
du second. B quarré -+- D quarré — Nq soit egal à
Mq. donc la perpendiculaire du triangle deduict sera M.
Mais soit la base du premier A, donc la base du deuxiesme semblable sera $\frac{DA}{B}$. Pour-autant que B est à D,
comme A base du premier, à la base du deuxiesme:
& que le rectangle des moyennes D & A , appliqué sur l'vne des extremes B engendre l'autre, sçauoir la base du deuxiesme. Partant la perpendiculaire
du premier sera N—$\frac{DA}{B}$, & celle du deuxiesme sera ou
A -+- M. Sy la base du premier est moindre qu'icelle ou A—M, si elle est moindre que la mesme
base du premier: D'autant que M est la difference entre
la base du premier & la perpendiculaire du deuxiesme:
Comme estant icelle posée egale à la perpendiculaire du troisiesme. soit pour le premier cas A -+- M,
donc comme B sera à D, ainsi $\frac{NB—DA}{B}$ à A -+- M.

& ceste analogie estant resolue $\frac{DNB}{Bq +- Dq}$ — BMB est faict
egal à A.

B $\frac{NB—DA}{B}$ D M -+- A
ou
A—M

A $\frac{DA}{B}$

L'equation estant renuquée ou convertie en analogie, $Bq+\!-\!Dq$ *est à* $DN\!-\!BM$, *ainsi* B *à* A,

Partant la baſe ſemblable à la baſe des triangles ſemblables eſt $DN\!-\!BM$, & l'hypotenuſe $Bq+\!-\!Dq$, ſemblable à l'hypotenuſe d'iceux.

Pour le ſecond cas, ſoit la perpendiculaire du deuxieſme $A\!-\!M$, *donc* B *ſera à* D *comme* $\dfrac{NB\!-\!DA}{B}$ *à* $A\!-\!M$, *laquel-*

le *analogie eſtant reſoluë*, le produict des extremes BA $-\!BM$ eſt egal au produict des moyens $\dfrac{DNB\!-\!DqA}{B}$ & cette equation par la

multiplication des parties, par B en $DNB\!-\!DqA$ egal à $BqA\!-\!BMB$, puis par l'antitheſe ou tranſpoſition ſoubs ſignes contraires de BMB, & DqA en $DNB+BMB$ egal a $BqA\dagger DqA$, & $DNB\dagger BMB$ eſtant appliqué à $Bq +\!-\!Dq$, $\dfrac{DNB\!-\!+BMB}{Bq\!-\!+Dq}$ *eſt fait* egal à A.

Ou ceſte egalité eſtant renuquée en analogie $Bq\!-\!+Dq$ *eſt à* $DN\!-\!+BM$ *comme* B *à* A. Partant $Bq\!-\!+Dq$ eſt l'hypotenuſe ſemblable à l'hypotenuſe des triangles ſemblables, & $DN\!-\!+BM$ baſe ſemblable à la baſe d'iceux.

Donc les deux triangles requis ſont entr'eux ainſi.

AV PREMIER CAS.

Le premier est faict.

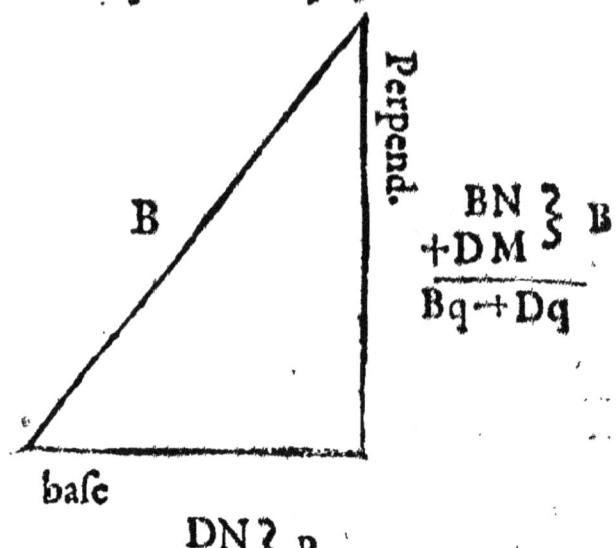

B

Perpend.

$$\left.\begin{array}{c}BN \\ +DM\end{array}\right\} B$$
$$\overline{Bq + Dq}$$

base

$$\left.\begin{array}{c}DN \\ -BM\end{array}\right\} B$$
$$\overline{Bq + Dq}$$

Le second.

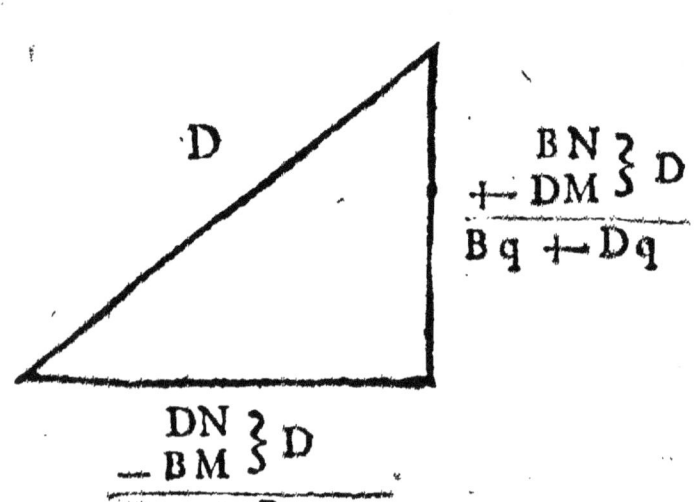

D

$$\left.\begin{array}{c}BN \\ +DM\end{array}\right\} D$$
$$\overline{Bq + Dq}$$

$$\left.\begin{array}{c}DN \\ -BM\end{array}\right\} D$$
$$\overline{Dq + Bq}$$

Et le troisiéme.

$Cv \xi Bq + Dq$

M L'excés de la perpendiculaire du deuxiefme fur la bafe du premier

N Compofé de la perpendiculaire du premier & de la bafe du deuxiefme

AV DEVXIESME CAS.

Le premier eft faict.

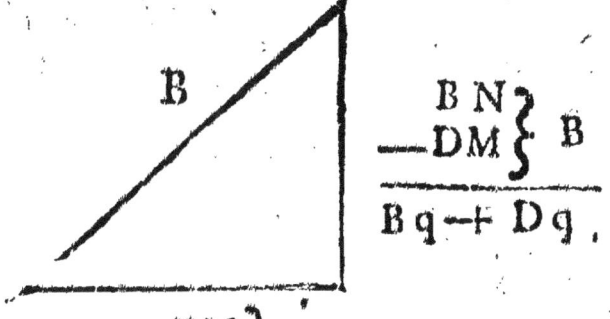

$$\dfrac{BN \atop -DM}{Bq + Dq} \Big\} B$$

$$\dfrac{DN \atop + BM}{Bq + Dq} \Big\} B$$

Le second.

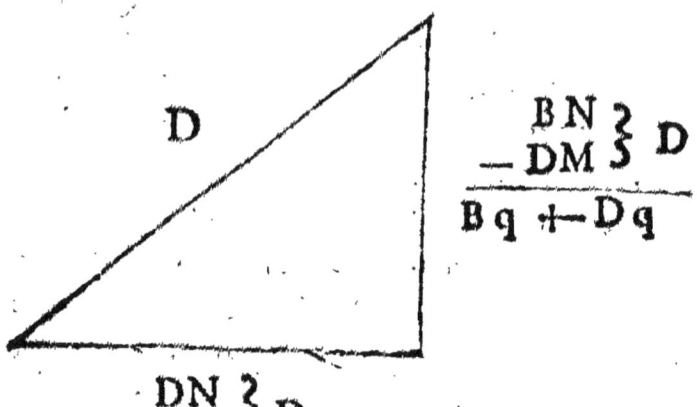

$$\frac{\begin{matrix} BN \\ -DM \end{matrix} \Big\} D}{Bq + Dq}$$

$$\frac{\begin{matrix} DN \\ +BM \end{matrix} \Big\} D}{Dq + Bq}$$

Et le troisième.

$$Cq \Big\{ \begin{matrix} Bq \\ +Dq \end{matrix}$$

M   L'excés de la base du premier sur la perpendiculaire du deuxiesme.

N   Composé de la perpendiculaire du premier & base du deuxiesme.

T

Il est euident, cecy auoir seulement lieu au premier cas, lors que DN, excede BM. Car si BM, estoit maieur que DN, alors la base semblable seroit notée par moins; & par consequent de nulle quantité au respect de l'hypotenuse semblable qui est Bq ⟶ Dq: mais au deuxieme quand BN, est plus grand que DM, pour la mesme raison, d'autant que la perpendiculaire semblable est BN—DM. & afin qu'icelle soit notée par le signe plus, il faut que BN, auquel ce signe appartient excede DM, puisque DM, doibt estre soustrait de BN.

SCHOLIE.

* Ce Zetetique en ce que l'autheur prescrit l'hypotenuse du premier triangle des semblables, estre moindre que la base du 3.e donnée n'est pas general, sinon seulemét pour le premier cas, car pour le deuxieme il faut qu'icelle base donnée, soit plus grande que l'hypotenuse du deuxieme triangle des semblables, qu'il soit necessaire au premier cas que la base donnée excede l'hypotenuse du premier, au deuxieme cas celle du deuxieme; il est tres-facile à demontrer par la seule preparation à la solution de ce Zetetique en ceste sorte; au premier cas, la perpendiculaire du deuxieme triangle semblable estant A+M, elle est egale à la base du premier & à la perpendiculaire du troisieme deduit des semblables; & partant la perpendiculaire du deuxieme majeure que celle du troisieme; laquelle perpendiculaire du troisieme, sera aussi moindre que l'hypotenuse D, du deuxieme des triangles semblables, puisque l'hypotenuse D, est plus grande que A+M : or est il que l'hypotenuse du troisieme

triangle faict son quarré egal à l'aggregé des quarrez de B & D, par la deduction d'iceluy ; auquel
quarré est aussi egal, l'aggregé des quarrez de
N & M ; parquoy les deux quarrez Nq & Mq,
sont egaux ensemble aux deux quarrez Bq, Dq,
ensemble : mais le quarré de D, est majeur que le
quarré de M comme estant M, moindre que D ;
partant le quarré de N, restant sera majeur que
le quarré de B, & par consequent N, base du troisieme triangle deduit des deux semblables majeure
que B, hypotenuse du premier des semblables.

Au deuxieme cas, d'autant que la perpendiculaire du deuxieme triangle est posée moindre que
la base du premier, & que la base du troisieme deduict d'iceux triangles, est la difference entre icelle
base du premier & la perpendiculaire du deuxieme,
icelle perpendiculaire du troisieme M, sera moindre que la base du premier triangle posée A, & par
consequent aussi que l'hypotenuse B, d'icelluy premier triangle des semblables. Item le quarré de
l'hypotenuse du troisieme est faict egal à l'aggregé
des quarrez des hypotenuses du premier & deuxiesme triangle B & D, auquel est aussi egal, l'aggregé des quarrez de N & M ; maintenant si des
grandeurs egales qui sont l'aggregé des quarrez de
B & D & l'aggregé des quarrez de N & M ; sont
ostées choses inegales les reste seront inegaux, &
celuy la majeur qui sera resté de la moindre quantité ostée ; partant si des quarrez Bq, Dq, l'on o-
ste le quarré de B, & des quarrés Nq, Mq, le quarré de M, le reste Dq, quarrés de l'hypotenuse du
deuxieme triangle des semblables, sera moindre
que le reste Nq, quarré de la base du troisieme tri-

angle puis que Mq, est prouuée moindre que Bq,
& par consequent N , base du troisieme triangle
deduict des deux autres semblables entr'eux ma-
jeuré que CD hypotenuse du deuxieme, ce qu'il
failloit demonstrer.

Exegetique du present Zetetique,

EN LIGNES.

Bien que l'autheur n'aye mis en auant ce Zetetique, sinon pour faciliter la solution du suiuant, &
qu'il n'en aye donné nul exemple en nombre, neantmoings ie n'ay voulu passer l'exegetique du requis en iceluy sans le donner en passant, il sera tel.

Soient AB , BD , les deux hypotenuses des triangles semblables requis, & la base du triangle deduit d'iceux composée de la perpendiculaire du premier, & de la base du secōd FD : il faut faire le requis.

Soient disposez AB , BD , à angles droits au
poinct B, puis tirer la ligne AD, descriuant autour
du triangle ABD, le cercle FABD, cela faict du
poinct D, soit appliquée DF, base du 3e. triangle
dans le cercle FABD ; en apres sur AB, & BD, soient descripts deux demy cercles AEB, BCD, &
tirée la ligne FA, iusques à ce qu'elle couppe le
cercle AEB, en E, duquel poinct par le poinct B,
menant la ligne droicte EB, coupant la circonference du cercle BCD, en C, tirant CD, les triangles
semblables requis seront AEB, BCD, & le 5e. deduit des deux AFD.

Car le triangle ABD ayant l'angle B droit, ABD,
AFD seront demy cercles & l'angle DFA , droit pareillement AEB, BCD, seront droits ; & partant EF,

CD, paralleles comme auſſi EC, FD, par conſequent l'angle FDC auſſi droit. Et les lignes FD,
EC, egales, de meſme EF, & CD. maintenant les
triangles AEB, BCD, ſont rectangles ayant les angles aux poincts E, & C, droicts, les angles EBA,
ABD, DBC, eſtant egaux à deux droicts, & l'angle
ABD droict, les deux ABE, DBC, ſeront egaux
à vn droit : mais les angles CBD, BDC, ſont auſſi
egaux à vn droit, & partant egaux à iceux, donc
oſtant choſes egales, l'angle EBA, ſera egal à BDC;
pareillemēt EAB à CBE. partant les deux triangles
EBA, BDC, ſeront equiangles, & le coſté AE, eſt
à EB, comme BC à CD; or la ligne EC, eſt egalle à FD, baſe du troiſiéme triangle compoſée
de la perpendiculaire du premier auec la baſe du
deuxieme & la perpendiculaire AF, egale à la difference entre la baſe du premier & la perpendiculaire du deuxiéme, le triangle AFD ſera donc le requis : ce qu'il falloit montrer.

COROLLAIRE.

De la s'enſuit que quand de deux triangles ſemblables, on en deduit vn troiſieme, en ſorte que la
perpendiculaire du premier, auec la baſe du deuxieme, ſoit egale à la baſe du troiſieme, & la difference
entre la baſe du premier & perpendiculaire du deuxieme à la perpendiculaire du meſme troiſieme, la
perpendiculaire AE, eſtant moindre que la baſe du
premier CD, la ſomme de l'angle aigu du troiſieme triangle auec celuy d'vn des ſemblables comme EBA, eſt egale à l'angle BAD, qui eſt l'angle
aigu d'vn triangle rectangle ayant pour perpendiculaire l'hypotenuſe du premier triangle & pour
baſe celle du deuxieme.

Et fi AF, eft pofée bafe du 3. triangle, & FD perpen. & la perpend. du triangle ABD, l'hypotenufe du pr pofé eftre AEB, l'âgle aigu ADB, auec le reftât à l'angle aigu d'vn des triangles femblables comme BDC eft egal à l'angle aigu du 3. triangle, ainfi qu'il a efté monftré fur le quatrieme Zetet. de ce liure.

DETERMINATION.

Pour determiner ce Zetetique, faut fçauoir qu'il peut receuoir 2. cas, ainfi que l'autheur l'a fort bien remarqué: le premier quand la bafe du premier triangle eft moindre que la perpendiculaire du fecond: le deuxieme au contraire, lorsque la bafe du premier triangle eft maieure que la perpendiculaire du deuxieme: au premier cas, le premier triangle fera BEA, le deuxieme BCD, & par confequent il eft euident que l'hypotenufe AB, doibt eftre moindre que la bafe du troifieme triangle FD, puis que comme il a efté cy deuant monftré l'angle BAD, eft plus grand que l'angle ADF; car l'arc BD, fera plus grand que l'arc FA, lefquels oftez chacun d'vn demy cercle, l'arc FD, fera plus grand que l'arc BA, & par confequent FD, bafe du troifieme triangle plus grande que AB hypotenufe du premier, foit que la mefme bafe foit plus grande ou moindre que l'hypotenufe du deuxieme triangle.

Au fecond cas BCD, fera le premier triangle BC, fa perpendiculaire; & partant comme il a efté montré, il faut que la bafe du troifieme foit plus grande que l'hypotenufe du deuxieme foit que la mefme bafe foit plus grande ou moindre que l'hypotenufe du premier.

ZETETIQVE V.

TRouuer deux quarrez en nombre e-
gaux à deux quarrez, & que l'vn
des requis confiste entre des limites assi-
gnez.

Soient les quarrez donnez Bq, & Dq, il faut constituer deux autres quarrez egaux à iceux, l'vn desquelz
excede F, plan, mais qu'il soit moindre que G plan.

Soit entendu Zq, ou Z, plan estre egal à Bq — Dq.
donc Z, est l'hypotenuse rationelle ou irationnelle d'vn triangle rectangle duquel les costés d'autour de l'angle droit
sont B & D. l'on demande vn autre triangle rectangle,
duquel l'hypotenuse soit Z, & l'vn des costez qui com-
prennent l'angle droit (soit la base) soit majeur que N,
mais mineur que Sq.

Donc la chose est ainsi reduite.

Soient trouuez deux triangles rectangles semblables
en nombre, ayant leurs hypotenuses B & D données, en
sorte que la base d'vn troisieme triangle deduict d'iceux,
composée de la perpendiculaire du premier, & base du
deuxieme consiste entre des limites presinis.

Parquoy Zq — Nq, soit egal à Mq. & Zq — Sq
egal à Rq.

Sy donc N, est posée base d'vn troisiéme triangle deduit de deux triangles semblables ayant les hypotenuses
données, par le premier cas du Zetetique precedent la
raison de la difference de la base & hypotenuse, a la perpendiculaire sera comme Z q = DN — BM, à

BN + DM, *ou comme* X, *a* $\left(\dfrac{X\,BN + XDM}{Zq = DN + BM.}\right)$

lequel est le premier limite.

Et si S, *est establye base d'iceluy troisieme triangle, pour la mesme cause cy dessus dicte, la raison de la difference de la base & hypotenuse, à la perpendiculaire sera comme* Zq = DS + BR *à* BS + DR, *ou comme* X *à* $\left(\dfrac{X\,BS + XDR,}{Zq = DS + BR}\right)$ *lequel est le limite second.*

Donc estant posée X *pour la difference de la base & hypotenuse en la fiction de deux triangles semblables soit prinse quelque autre rationnelle, & soit* T, *consistant entre* $\left(\dfrac{X\,BN + XDM}{Zq = DN\ BM}\right)$ & $\left(\dfrac{X\,BS + XDB}{Zq = DS\ BR.}\right)$ & *d'icelles deux racines* X & T *faict un triangle rectangle, en nombre, auquel on trouvera deux autres triangles semblables, le premier ayant* B *pour hypotenuse, l'autre* D, & *de ces deux sera deduit un troisieme, en sorte que la base d'iceluy soit composée de la perpendiculaire du premier & base du deuxieme, & icelle sera constituée entre* N & S, *selon la condition du zetetique.*

Soit B 1, D 3, N v 2, S v 3. Z, *est faict* v 10. M v 8. R v 7. X *estant posée* 1T, *est esleu quelque nombre consistant entre* v 8. & v 6; + v 3 *soit iceluy* $\dfrac{5}{4.}$: *dõc de* 1 & $\dfrac{5}{4.}$

$$\frac{10 - v2.\quad 10 - v27 + v7}{4.}$$

ou de 4 & 5. *l'on construira un triangle, puis seront formez deux autres triangles semblables à iceluy, ayant les hypotenuses données* 1 & 3. & *la base du troisieme deduit d'iceux composé de la perpendiculaire du premier & base du deuxieme est faite* $\dfrac{6\ 7.}{41.}$ *le quarré de laquelle est* $\dfrac{4489.}{1681.}$ *maieur que* 2, *mais moindre que* 3. *la perpendiculaire seront* ra $\frac{111}{41.}$ le quarré de laquelle sera $\frac{1231\ 1.}{1681.}$ lesquels deux

quarrez valent 10. comme les quarrez de 1 & 3.

Triangle faict de X & T, c'est à dire 5, & 4.

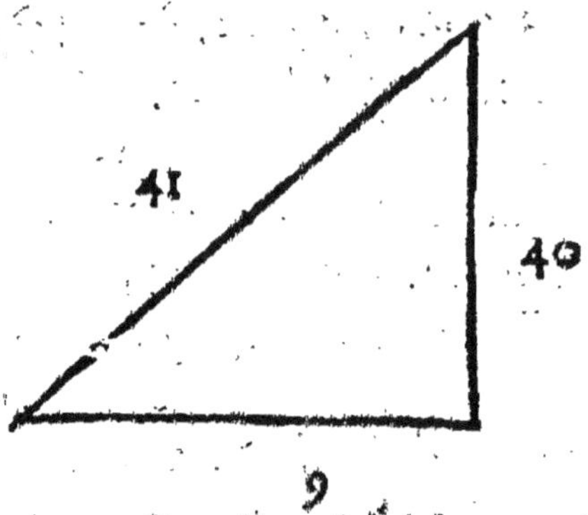

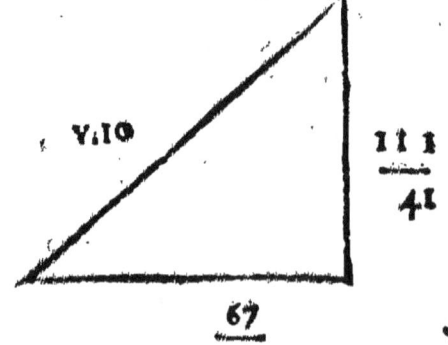

41

40

9

Les Semblables.

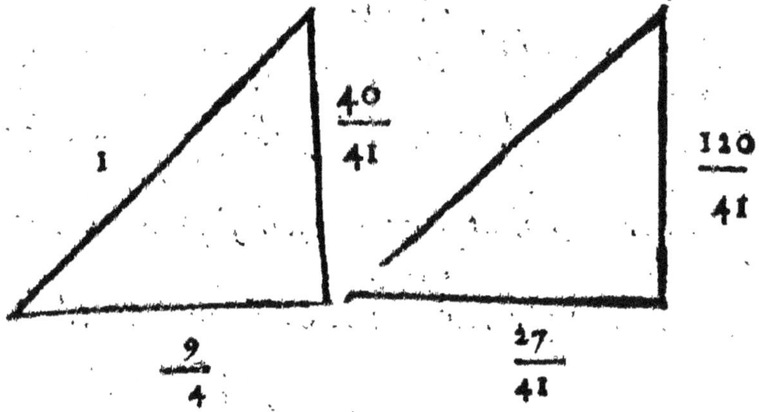

$\frac{40}{41}$

1

$\frac{9}{4}$

$\frac{120}{41}$

$\frac{27}{41}$

Le Triangle deduit.

V.10

$\frac{111}{41}$

$\frac{67}{41}$

V

AVTRE EXEMPLE.

Soit B2, D3, N√6, S√7. Z, *est faicte* √13. M √7.
R √6. *&* X, *estant posée* 1, *& T estre quelque nombre*
consistant entre √24 + √63, *&* √28 + √54. *soit* 6. *donc*
13 + √28 — √54. 13 + √24 — √63. 5.

l'on construira vn triangle de 1 *&* 6. *ou de* 5, *&* 6, 8,
5.

puis seront faits deux autres triangles semblables à iceluy
ayant les hypotenuses données 2 *&* 3, *& la base du troi-*
sieme triangle deduit, d'iceux est faicte 153, *compo-*
61.

sée de la perpendiculaire du premier & base du second,
le quarré d'icelle est 2340 d *maieur que* 6. *c'est à dire*
3721.

22316. *mais moindre que* 7 *c'est à dire* 26047, *la perpen-*
3721.   3721.

diculaire est 158 *le quarré de laquelle est* 24964. *lesquels*
61.   3721.

deux quarrez valent 45373. *ou* 13. *ainsi que les quarrez de*
2 *&* 3.   3721.

Triangle faict de X & T ou 6 & 5.

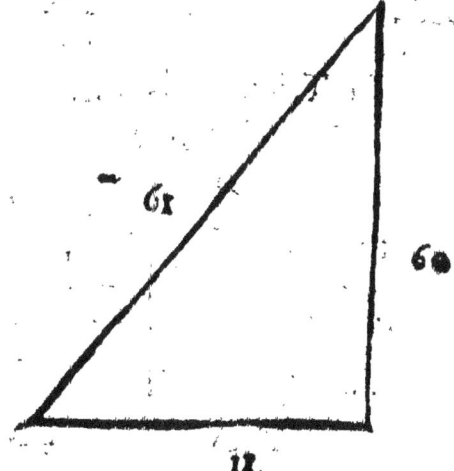

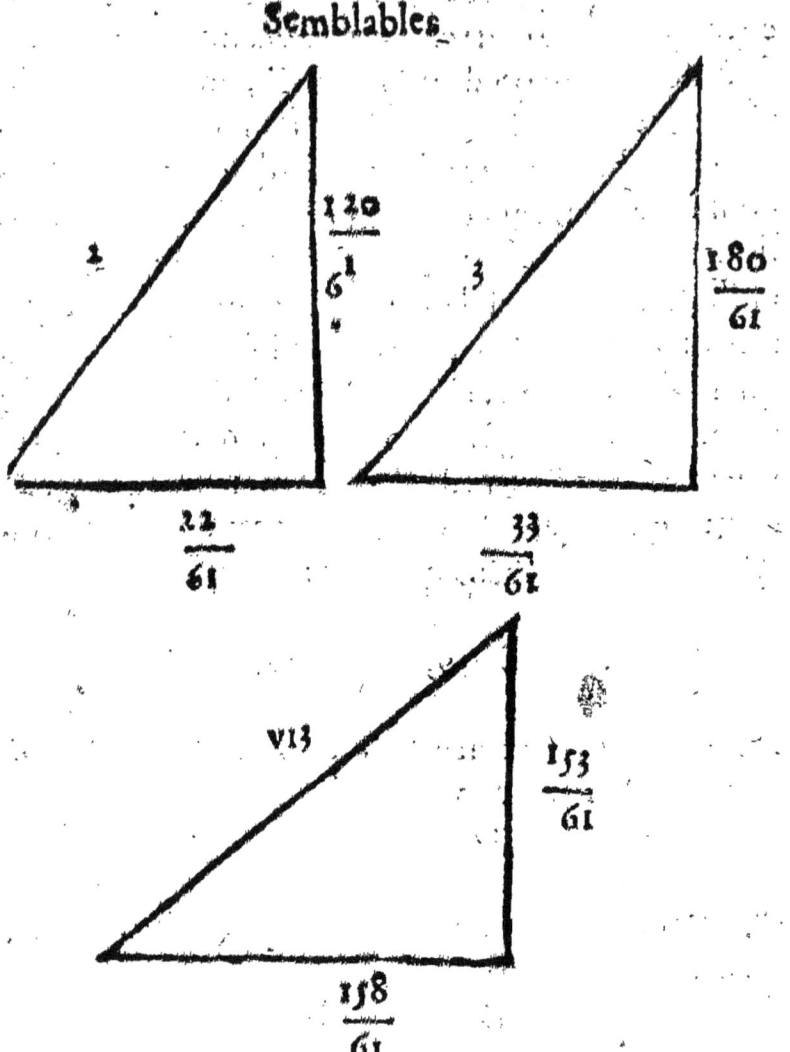

SCHOLIE.

Il fembleroit de prime face que les lettres F & G,
fignificatiues des limitées entre lefquels doibt
tomber l'vn des quarrez requis euffent efté chan-
gées fans raifon, puis qu'il pouuoit auffi toft eftre
dit le cofté de F p, & G p, eftre les limites entre lefquels doibt tomber la bafe du triangle requis ayant
l'hypotenufe egale à Z, que de les pofer eftre N,

V ij

&S, veu auſſi qu'iceux plans de F & G, pouuoient
eſtre poſés les quarrez rationnels ou irationnels,
de N & S, ainſi qu'il eſt faict de Z, en la ſuppoſitió
affin que les meſmes N & S, euſſent eſté limites
de ladicte baſe, mais telle choſe n'a eſté faicte ſans
conſideration: car la diuerſité des affections que les
limites donnez ont auec l'vn & l'autre des quarrez,
auſſi donnés en eſt la ſeule cauſe; pour autant que
tels plans Fp, & Gp, poſés pour limites de l'vn des
quarrez requis ou celuy de la baſe du triangle demandé, peuuent eſtre propoſez en 6. façons la premiere l'vn & l'autre des limites maieur que l'vn &
l'autre des quarrez (moindres neantmoings chacun
que la ſomme d'iceux quarrez :) comme poſant.

$$Bq, 6, \qquad Dq, 9, \qquad Fp, 18, \qquad Gp, 21.$$

2ᵉ. Ou l'vn moindre & que l'vn des quarrez ma-
ieurs que l'autre, comme
$$Bq, 16, \qquad Dq, 9, \qquad F 12, \qquad G 15,$$

3ᵉ. Ou tous les deux moindres que tous les deux
quarrez, ainſi que
$$Rq 6, \qquad Dq 9, \qquad F 8, \qquad G 6,$$

4ᵉ. L'vn plus grand que le majeur quarré, & l'autre
moindre que le mineur : comme
$$Bq 16, \qquad Dq 9, \qquad F 18, \qquad G 6,$$

5. Le maieur limite plus grand que le maieur quarré, & le moindre plus petit, neantmoins maieur
que le moindre des quarrez : ainſi que
$$q 16, \qquad Dq 9, \qquad F 18, \qquad G 12,$$

6. Le moindre limité, moindre que le moindré quarré, & l'autre limite plus grand qu'iceluy, mais moindre que le maieur, comme

$$Bq\ 16, \qquad Dq\ 9, \qquad F\ 12, \qquad G\ 5,$$

Toutes lesquelles diuersitez peuuent arriuer en la concession des limites, entre lesquels doibt tomber l'vn des quarrez requis, or auec quelques vnes d'icelles diuersitez l'on ne peut satisfaire au requis selon la methode de l'Autheur, qu'au prealable tels limites n'ayent esté preparez aux conditions requises par le zetetique precedent.

Pour la premiere diuersité, elle ne demande nulle preparation, & peut estre accommodé à l'vne ou l'autre cas du Zetetique precedent, à cause que chacun des limites donnez sont plus grands que l'vn & l'autre quarré, & par consequent leurs racines ou costez plus grands que les costez des mesmes quarrez.

La deuxieme, est facilement resoluë par le premier cas en posant le costé du moindre quarré pour l'hypotenuse du premier triangle, ainsi qu'il se void par les nombres des exemples du Zetetique.

La troisieme, ne s'acomode à aucun cas, sinon en changeant les limites en ceux de la perpendiculaire du triangle à deduire; c'est à dire, en ostant Fp & Gp, chacun de Zq; car les costés des restes seront les limites, entre lesquels la perpendiculaire du triangle à deduire sera constituée, & seront plus grands que chacun des hypotenuses B & D; c'est pourquoy feignant la perpendiculaire estre la base, & operans comme dessus on aura le requis.

La 4, 5, & 6. aussi bien que la troisieme diuersité

demande vne preparation en icelles, il y a toufiours vn limite plus grand qu'vn des quarrez donnez & l'autre moindre; c'eft pourquoy afin de preparer ces limites pour le Zetetique, on laiffera le plus grand limite de la bafe pour S, puis on cherchera entre i-celle & le cofté du' quarré, qui eft plus grand que le moindre limite donné, & moindre que le maieur, vn nombre pour le moindre limite N. & par ce moyen la 4. & 5ᵉ. diuerfité s'accommodera au pʳ cas du Zetetique precedent, & la fixieme à tous les deux.

Cecy eft la caufe du changement des limites.

▶ Il n'eft pas befoing de mettre $Zq = DN \dagger DM$, ny enfuitte $Zq = DS + BR$, mais feulement $Zq - DN + BM$ ou $Zq - DS + BR$, à caufe que Zq qui eft femblable à l'hypotenufe d'vn triangle rectagle doit eftre plus grad que $DN - BM$, qui eft la bafe femblable, de mefme auffi que $DS - BR$. & pour montrer que l'autheur l'entend ainfi, il a changé le figne de moins en la bafe femblable en celuy de plus, ce qui ne fe peut faire qu'en vne fouftraction abfoluë; car fi on vouloit prendre la difference de Zq à $DN - BM$. faudroit eferire $Zq = (DN, - BM)$ & non pas $Zq = DN + BM$: d'autant que cela fonneroit la difference entre Zq & $DN + BM$, ce qui feroit contre le procedé de l'autheur, mais cefte faute eft de l'Imprimeur.

▪ L'autheur a pofé X, pour le troifieme terme, cómun aux deux analogies, afin d'en trouuer deux autres entre lefquels il peut prendre T, rationnel: à caufe que fi de X & de $\dfrac{XBN + XDM}{Zq - DN + BM}$, on faict vn triangle, & deux semblables à iceluy ayant les hypotenuses D & B, le troisieme deduit d'iceux auroit pour base N. pareillement si de X , & de

$$\frac{X B S + X D R,}{Z q - D S + BR,}$$ on faict vn triangle, & à iceluy

deux semblables ayans les hypotenuses egales à B, & D, le troisieme triangle deduit d'iceux aura pour base S. tellement que puis que T , est eentr

$$\frac{X B N + X D M.}{Z q - D N + BM.} \quad \& \quad \frac{X B S + X D R,}{Z q - D S B + R,}$$ si on

faict vn triangle rectangle de X & T, & qu'a iceluy on en face deux autres semblables ayant les hypotenuses, les mesmes B & D , le troisieme triangle rectangle deduit d'iceux ainsi qu'il a esté dit au Zetetique precedent aura la base rationnelle , constituée entre S & N , base des deux premiers triangles deduits, ainsi qu'il est requis.

Vaslet cõtinuãt ces fautes a mis $Zq = DN + DM$, ainsi quelle est dans le texte latin, sans en aduertir,

De mesme au lieu de metre, quelque nombre choisi, il a escrit, quelque ligne choisi, sans prendre garde que ce Zetetique ne parle que de nombres & non de lignes.

Il a mis aussi en ce lieu N ℞ 7, pour N ℞ 6.

Ledit Vaslet veut paroistre ne rien cognoistre aux nombres irationnaux, puis qu'il à laisé 18. qui sont au latin sans les auoir changez, au lieu dequoy il faut lire √28.

ZETETIQVE VI.

Rouuer en nombre deux quarrez,
desquels la difference soit donnée.

Soit la difference donnée B p. quarré de la base d'vn
triangle rectangle, on cherche les quarrez rationnels de
l'hypotenuse, & de la perpendiculaire, lesquels different
du quarré de la base donnée.

Or la base est moyenne proportionnelle entre la difference de la perpendiculaire a l'hypotenuse, & la somme
d'icelle. Zetetique 3. du liure 3.

C'est pourquoy prenant quelque rationnelle en longitude à laquelle soit apliqué Bp. ce qui en viendra sera aussi
rationnel.

* Donc si ceste longueur à laquelle a esté faicte l'application est moindre que la largeur prouenante d'icelle application, ceste longueur sera la difference entre la perpendiculaire l'hypotenuse, & la largeur la somme d'i-
celles. & au contraire; partant on aura en nombre la perpendiculaire, & l'hypotenuse.

Autrement, Aq. soit vn des quarrés requis comme la
perpendiculaire, donc Aq $+$ Bp, sera egal a vn quarré,
sçauoir à celuy de l'hypotenuse. soit iceluy le quarré de
A $+$ D, affin que D soit difference entre la perpendiculaire & l'hypotenuse. Aq $+$ 2DA $+$ Dq sera egal à
Aq+Bp. l'equation ordonnée $\dfrac{Bp - Dq}{2D}$ sera egal à A.

THEOREME

THEOREME.

SI le quarré du premier costé d'alentour
l'angle droit, moins le quaré de la difference entre le ᵇ ſecond coſté & l'hypotenuſe,
eſt appliqué au double de la meſme difference, ce qui en-viendra ſera egal au meſme ſecond coſté d'alentour l'angle droit.

AVTREMENT.

E quarré ſoit vn des requis, comme par exemple de
l'hypotenuſe, donc E q—B p, ſera egal à l'autre quarré,
ſçauoir à celuy de la perpendiculaire. ſoit à celuy de
A—D, afin que D ſoit la difference entre la perpendiculaire & l'hypotenuſe; partant E q—2 D q + Dq,
ſera egal à E q - B p. & le tout ordonné ᶜ $\frac{Dq + Bp}{2\,D}$
ſera egal à E, d'où vient que.

THEOREME.

AV triangle rectangle, ſi le quarré
d'vn des coſtez d'alentour l'angle
droit, plus le quarré de la difference entre
le coſté reſtant, & l'hypotenuſe eſt apliqué
au double d'icelle difference; ce qui en viendra ſera l'hypotenuſe.

Pareillement, ſi le quarré d'vn des coſtez d'alentour l'angle droit, plus le quarré
de la ſomme du coſté reſtant, & de l'hy-

X

potenuſe eſt appliqué au double de la meſme ſomme, ce qui en viendra ſera egal à
l'hypotenuſe.

D'où s'enſuit, que comme la ſomme de
l'hypotenuſe & de l'un des coſtez d'alentour l'angle droit, à la difference d'iceux, d
ainſi le quarré de la ſomme plus ou moins,
le quarré du coſté reſtant d'alentour l'angle droit, au quarré du meſme coſté reſtant
plus ou moins le quarré de la difference.

Soit B, plan 240, D 6. A eſt faict $\frac{240 - 36 \text{ ou } 17}{12}$. E

$\frac{240 + 36}{12}$ c'eſt a dire 23. le quarré de 23 differe du

quarré de 17. par 240. celuy la eſtant 529. celuy-cy 289.

Soit un triangle 5, 4, 3. comme 9, à 1. ainſi 90 à 10.
& ainſi 72. à 8. on peut de la façon.

A vn plan donné adiouſter vn petit quar-ré, en ſorte que la ſomme face vn quarré.

Le plan donné ſoit entendu le quarré d'un des coſtez de
l'angle droit, on prendra pour la difference ou pour la ſomme de l'autre coſté reſtant, & de l'hypotenuſe, le coſté
d'un quarré qui ſoit preſque egal au plan donné.

Le plan dõné ſoit 17. on prendra pour la differẽce 4. dõc
17 — 16. ſera appliqué à 8. eſt ce qui en viendra qui eſt
$\frac{1}{8}$ ſera la perpendiculaire ; partant le quarré de l'hypi-

tenuse sera 17 $\frac{1}{64}$ duquel le costé est $\frac{33}{8}$ ou $4\frac{1}{8}$ costé fort proche de celuy en 17.

Soit le plan donné 15. on prendra l'aggregé 4. donc [e] 15 + 16 appliqué à 8. donnera l'hypotenuse 1 son quarré $\frac{1}{8}$ 15 $\frac{1}{64}$.

SCHOLIE.

[a] Vaſſet a fort mal rencontré, quant ſuiuant les erreurs commiſes en l'impreſſion du texte de l'autheur, il a mis, *eſt plus grande*, pour, eſt moindre, s'il eut leu attentiuement le reſte il euſt recognu l'abſurdité qui s'enſuiuroit de cecy, ſçauoir que la différence de deux coſtez ſeroit plus grande que la ſomme des meſmes. [b] au theoreme il s'eſt extrauagué eſcriuant *ſecond quarré*, pour, ſecond coſté. Il ne le cognoiſt pas beaucoup à la loy des homogenes, puis qu'il outrepaſe les termes d'icelles ſi ſouuent.

[c] Faut auſſi corriger en la traduction de Vaſſet D q — B p, en D q + B p, cela peut eſtre vn erreur d'impreſſion : mais ſon errata l'en rend coulpable.

[d] Il a auſſi mal heureuſement rencontré quand il traduict, *ita quadratum adgregati, adiunctum multatumve quadrato lateris circa rectū reliqui,* &c. de ceſte ſorte : *Ainſi le quarré de l'aggregé adiouſté au quarré de l'autre coſté à l'entour de l'angle droit, ou oſté d'iceluy quarré,* &c. & vers la fin de ce theoreme, il faict la meſme faute, laquelle n'eſt pas pardonnables à vn Maiſtre és arts.

[e] Il contrarie icy à la loy des homogenes, & veut que l'on prenne la différence des coſtez preſque ega-

X ij

le au plan qui doibt eſtre la difference des quarrez.

Pour 15 + 16. Il a mis 15 — 16. ce qu'il luy a faiſt naiſtre l'opinion que la difference entre l'hypotenuſe & le coſté reſtant autour l'angle droit eſtoit $\frac{1}{8}$

ſeulement, qui neantmoings doibt eſtre $\frac{31}{8}$. s'il euſt

conceu les termes du propoſé cela luy euſt donné à cognoiſtre que ceſte difference, eſtant $\frac{1}{8}$ & la ſomme 4 que cela ne pouuoit ſatisfaire au requis, d'autant que le quarré à adiouſter, auec 15. feroit plus que le quarré de l'hypotenuſe, laquelle eſt le plus grand coſté dont 4, eſt la ſomme & $\frac{1}{8}$ la difference

auec le coſté reſtant ſelon ſon intention.

ZETETIQVE VII.

TRouuer vn nombre plan, qui adiouſté à l'vn ou l'autre de deux plans donnez, face vn quarré.

Soient les deux plans Bp, Dp; il faut trouuer vn autre plan qui adiouſté ou à Bp, ou à Dp, face quarré.

Le plan à adiouſter ſoit Ap, donc Bp + Ap eſt egal a quarré, pareillement Dp + Ap eſt auſsi egal a quarré. Diophante enſeigne en ce lieu à faire vne equation double, ſoit donc Bp, plus grand que Dp. or le quarré de la ſomme de deux coſtez excede le quarré de leur difference, du quadruple du rectangle contenu ſous les coſtez, donc ſoit entendu B p — D p eſtre le quadruple du rectangle ſous les coſtez, comme ſi B p + A p , eſtoit le quarré de la ſomme d'iceux, *&* D p + A p, celuy de la difference ; c'eſt pourquoy A p ſera le quarré de la ſomme des coſtez, diminuee de B p ou le quarré de la difference diminuee de D, plan. Partant la choſe reuient à cecy , qu'il faut reſoudre B p — D p qui eſt le rectangle ſous les coſtez, en deux coſtez

ſoubz leſquels il eſt fait, l'vn ſoit G , ^{2} plus petit que la moitié de la difference, entre V B p, *&* V D p ou bien plus grand que la moitié de leur ſomme, l'autre ſera B p — D p;

$$\frac{}{4\,G}$$

c'eſt pourquoy le coſté du plus grand quarré ſera

$$B\,p - D\,p + 4\,G\,q \quad du\ moindre\ {}^b \ (\,B\,p - D\,p\,) = 4\,G\,q.$$
$$\overline{4\,G} \qquad\qquad\qquad\qquad \overline{4\,G}.$$

ſoit B p 192 , D plan 128. leur difference eſt 64. quadruple du rectangle ſoubz les coſtez, vn rectangle 16, faict par les coſtez 1 *&* 16, deſquels la ſomme eſt 17. la difference 15, *&* lors que du quarré de la ſomme des coſtez, 289. on oſte 192 , le reſte eſt 97. donc 192 + 97. faict le quarré de la ſomme des coſtez , laquelle eſt 289. *&* 128 + 97 faict le quarré de la difference, lequel eſt 225. donc on a ſatisfaict à ce qui eſtoit propoſé.

On euſt peu auſſi faire la meſme choſe ainſi, pource qu'il faut tant à B p, qu'à D p, adiouſter vn meſme plan, *&* que la ſomme ſoit quarrée: ce plan ſoit A q — B p ; donc adiouſtant iceluy à B p , la ſomme ſera A q il reſte donc que D p + A q , — B p. ſoit egal quarré; feignons eſtre celuy de F — A. donc A q — 2 F A + F q , ſera egal à D p + A q — B p. l'equation ordonnée $\dfrac{F\,q + B\,p - D\,p}{2\,F}$ ſera egal à A.

ſoit B plan 18 D plan 9 F 9. A eſt faict 4. le plan à adiouſter 7 lequel adiouſté à 18. faict 25. *&* à 9. faict 16, quarrez de 5 *&* 4.

SCHOLIE.

* Vaſſet euſt creu auoir faict vne offence s'il euſt mis autrement qu'il n'y a au latin auquel il faut lire *minus dimidia differentia*, non pas *minus differentia*, que cela ſoit, il eſt facile à voir, d'autāt que Bp+Ap eſtant le quarré de la ſomme des coſtez & Dp+Ap, celuy de la difference; v(Bp†Ap)— v(Dp†Ap) ſera le double du moindre & v(Bp†Ap) +— v(Dp†Ap) le double du plus grād coſté deſquels le rectāgle ſera la difference entꝰ Bp†Ap & Dp†Ap. c'eſt à dire Bp—Dp, mais pour autant que Bp—Dp eſt le rectangle faict ſous vBp—vDp & vBp†vDp. il s'enſuiura, puiſque v(Bp—+Ap) +— v(Dp+—Ap) eſt plus grand que vBp+vDp, qu'auſſi vBp—vDp ſera plus grande que vBp+Ap)—v(Dp+—Ap). or le double eſtant plus grand que le double, auſſi le ſimple. Donc il s'enſuit que G, qui eſt meſme que la moitié de v(Bp+Ap)—v(Dp+Ap) ou bien de v(Bp+Ap) + v(Dp+Ap), ſuyuant qu'il eſt poſé plus grand ou plus petit, ſera moindre auſſi que la moitié de vBp—vDp, ou maieur que la moitié de vBp+vDp. la meſme choſe ſeruira pour le Zetetique ſuiuant, ou Vaſſet a faict la meſme faute.

b   Faut changer dans la traduction de Vaſſet le ſigne de difference à Dp, qui eſt inutile: faut noter en paſſant, que lors qu'il faut prendre la difference de quelqué grandeur affectee par negation à vne ſimple, que la grandeur nyée peut eſtre ioincte auec la ſimple par affirmation, & de tout prendre la difference à la grandeur nyante : comme icy, falloit prendre la difference de Bp—Dp à G on mettra

$$\frac{Bp = (Dp+4Gp)}{4G} \qquad \frac{(Dp+4Gp)}{4G}$$

ce qui ſera le meſme qu'il eſt au Zetetique.

ZETETIQVE VIII.

TRouuer vn nombre plan , lequel
souſtraiĉt de l'vn ou l'autre de deux
plans donnez , reſte vn quarré.

Soient deux nombres plans B p *et* D p ; il faut trouuer vn autre nombre plan, lequel ſoubſtraiĉt ou de B p,
ou de D p, reſte vn quarré.

Soit le plan requis B p — A q. donc lors que B p — A q,
ſera oſté de B p, reſtera A q. *et* le meſme oſté de D p , le
reſte ſera D p — B p +— A q. lequel doibt egaler vn quar-
ré ſoit celuy de A — F donc $\dfrac{\text{F q} - \text{D p} +\!- \text{B p}}{2\,\text{F}}$ ſera e-

gal à A.

Derechef l'eſlection de F , eſt de telle condition qu'il
faut que A largeur qui vient de l'appliquatiõ, ſoit moindre que B p, ou D p. C'eſt pourquoy il faut ſe ſeruir plu-
ſtoſt d'vne double equation, *et* ſoit le plan à oſter A p ;
donc B p A p, eſt egal a quarré. D p — A p auſſi egal
a quarré. B p ſoit plus grand que D p. leur difference eſt
B p — D p ; partant B p — D p ſera conceu eſtre le
quadruple du rectãgle ſous les coſtez, B p — A p, le quarré de la ſomme d'iceux, D p — A p celuy de leur difference, *et* A p eſt l'excés par lequel B p, excede le quarré
de l'aggregé des coſtez , ou D p, celuy de la difference.

Soit l'vn des coſtez plus grand que la moitié de la
difference de [b] v B p *et* v D p *et* plus petit que la moi-

tié de leur aggregé, l'autre sera $\dfrac{Bp - Dp}{4G}$, & le quar-

ré de leur somme estant soustraict de B p, ou celuy de leur
difference de D p, le reste sera A p.

Soit B plan 44 ; D 36 , G 1, l'vn des costez, le deuxieme sera 2 , la somme des costez 3 , leur difference 1, leur
quarré 9 & 1. donc le plan à soustraire sera 3 5, lequel osté
de 44 reste 9, & de 36. reste 1.

SCHOLIE.

a   Faut corriger dans le latin & traduction de
Vassec en cec endroict $\dfrac{Bq + Dp - Dp}{2F}$ & en son lieu

y mettre $\dfrac{Fq - Dp + Bp}{F}$ b come aussi pour Bp à Dp

escrire v B p à v D p, & les mesmes choses qu'au
Zetetique precedent.

✦✦✦✦✦✦✦✦✦✦✦✦✦✦✦✦✦✦✦

ZETETIQVE IX.

TRouuer vn nombre plan , duquel
estant osté l'vn ou l'autre de deux
plans donnez, le reste soit quarré.

Soient les deux nombres plans donnez Bp & Dp.
il faut trouuer vn autre plan, a duquel estant osté ou
Bp ou Dp, le reste soit quarré.

Le plan duquel il faut faire soubstraction, soit A p, donc
Ap — Dp est egal a quarré, & de rechef A p — Bp
est egal a quarré, c'est pourquoy il faut faire vne double

ble equation, soit B *plan plus grand que* D *plan. Donc*
Ap——Dp *le plus grand quarré soit posé estre le quar-*
ré de la somme des costez, & le moindre Ap——Bp, *le*
quarré de la difference: finallement Bp——Dp *le qua-*
druple du rectangle soubs les costez. soit l'vn des co-
stez G, *l'autre sera* $\dfrac{Bp——Dp}{4G}$ *[b] & le quarré de leur*

somme estant augmenté de D *plan, ou le quarré de la*
difference de Bp, *la somme sera* Ap : *duquel lors qu'on*
ostera Dp *restera le quarré de la somme, ou* Bp *le quar-*
ré de la difference.

 Soit B *plan* 56. D *plan* 48. G 1. *vn des costez, ce-*
luy qui vient de l'application 2. *leur somme* 3 *, la diffe-*
rence 1. *c'est pourquoy* A p , *est* 57. *lequel estant dimi-*
nué de D p , *restera* 9. *& de* B p , 1.

SCHOLIE.

[a] Vasset auoit perdu son calepin lors qu'il r'adui-
uisoit ce Zetetique, & a fort peu-heureusement
rencontré en expliquant *oportet inuenire planum a quo*
cum auferetur siue B, *planum, siue* D *planum, &c.* de cete
sorte *il faut trouuer vn plan lequel estant osté de* B *plan,*
ou de D *plan &c.*

[b] Il a encore plus mal reussi au latin ou asseurement
il est plus entendu qu'en la solution de ces Zetetiques quant il traduit, *& horum summa quadratum*
adiungetur D *planum, vel quadratum differentiæ* B *pla-*
num, & ainsi, *tellement que le quarré de leur somme*
estant adiousté à D *plan, ou le quarré de leur difference*
estant soustrait de B *plan &c.*

Y

ZETETIQVE X.

TRouuer en nombre deux coſtez en ſorte qu'en ce plan faiſt ſoubz iceux adiouſté au quarré de l'vn & l'autre coſté face quarré.

soit vn des coſtez B , l'autre A. il faut que AE†BA+BE, ſoit egal a quarré, feignons à celuy de D—A, & l'equation eſtant ordonnée $\frac{Dq-Bq}{B+2D}$ ſera

egal à A.

Donc le premier coſté eſt faiſt ſemblable à B q†2BD, le ſecond à D q—B q, & ce qui eſt faiſt ſous iceux auec le quarré de chacun eſt ſemblable à Dqq +—B qq, +—3BqDq, —+2BCD +—2DCB, la racine d'iceluy B q +—D q +—BD.

soit D 2, B 3, l'vn des coſtez eſt 5, l'autre 3. la racine du compoſé du quarré de chacun auec le plan ſous iceux 47, ſçauoir 49 faiſt de 25, 15, 9.

Lemme pour le Zetetique ſuyuant.

Il y a trois ſolides egaux produiſts par deux coſtez.

L'vn du premier coſté par le quarré du ſecond, plus le reſtangle ſoubs les coſtez.

L'autre du ſecond coſté par le quarré

du premier, plus le rectangle soubs les costez.

Et le troisieme de la somme des costez
par le rectangle soubs iceux.

Soient deux costez B & D, ie dis que d'iceux font
faicts trois solides egaux,
Le premier de B par Dq —+ BD.
Le deuxiesme de D par Bq —+ DB.
Le troisiesme de B —+ D par BD.
La chose est visible, chacun des trois solides estant
BDq —+ BqD.

***

ZETETIQVE XI.

TRouuer en nombre trois triangles
rectangles, desquels les aires soient
egales.

La perpendiculaire du premier triangle soit semblable à 2BA. La base à ª Dq —+ BD. La perpendiculaire du second à 2DA, la base à Bq+BD. La
perpendiculaire du troisiesme 2BA+2DA, la base
BD.

Y ij

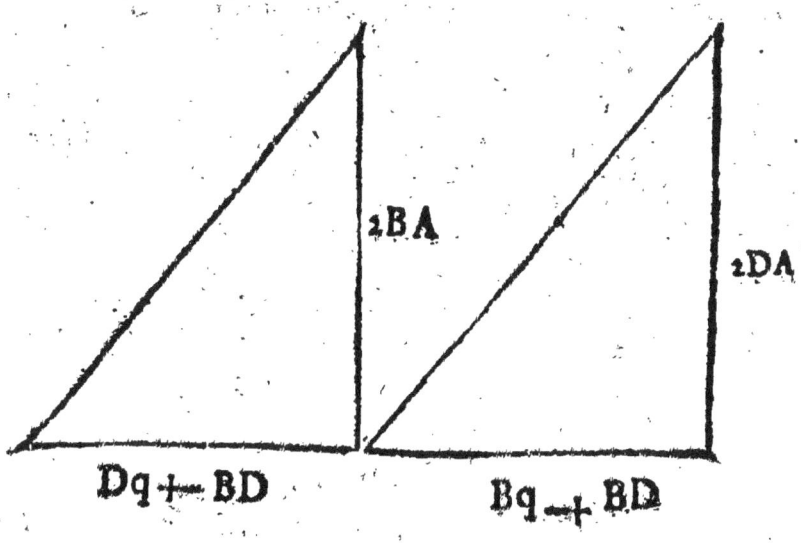

Dq + BD   Bq + BD

2BA   2DA

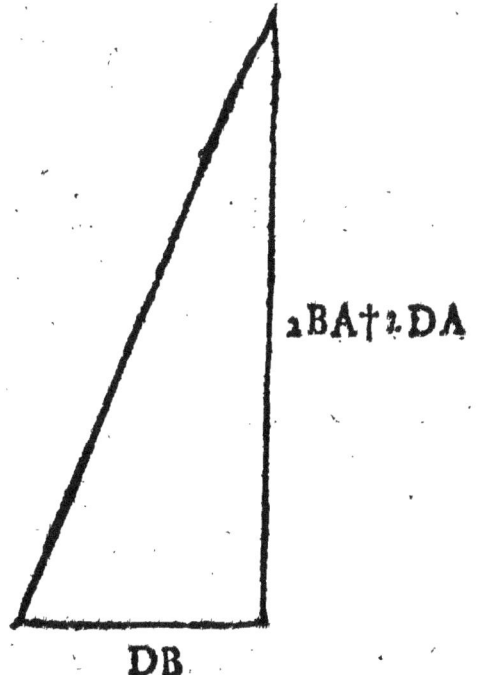

2BA † 2DA

DB

Partant par le Lemme precedent ils auront les ai-
res egales, fçauoir chacune d'icelles BDqA + DBqA.
il n'eſt plus queſtion ſinon que les plans ſemblables aux

hypotenuses soient rationnaux : Mais par le Zetetique precedent les costez B & D peuuent estre choisis, en sorte que Bq—+—Dq—+—BD soit egal au quarré. Tel quarré soit Aq, par interpretation, la base du premier triangle est faicte Aq—Bq, celle du second Aq—Dq. Et du troisiesme (B+—D)q.—Aq.

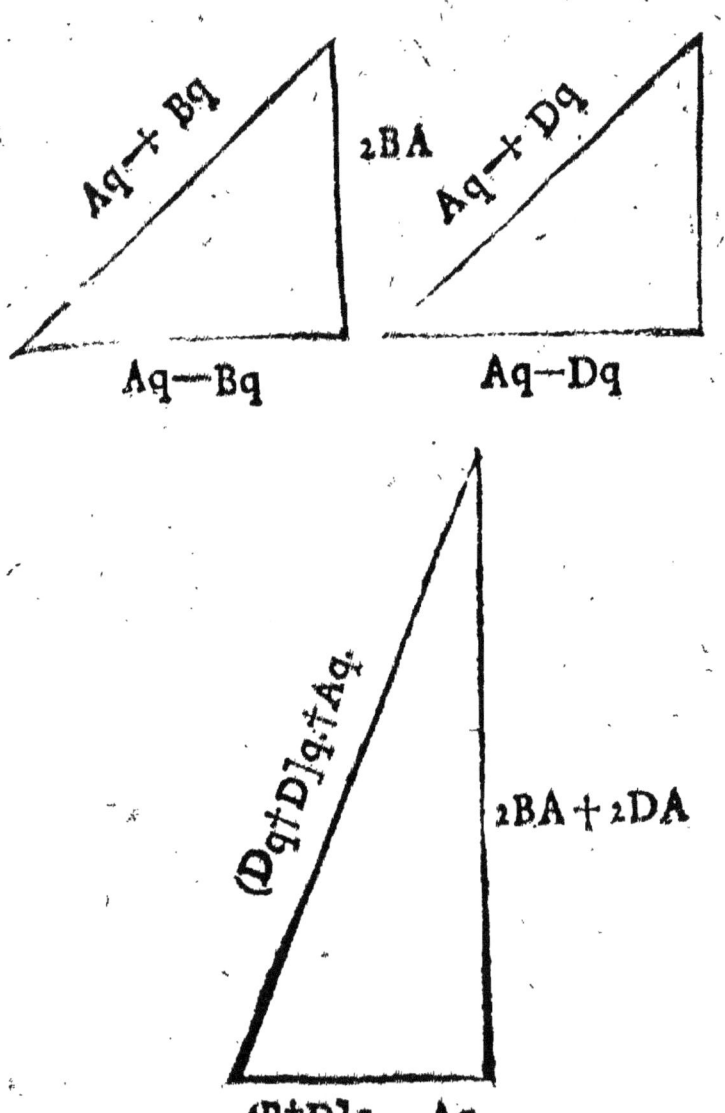

Et de tels coſtez que les baſes ſont difference des quarrez, les perpendiculaires ſont ſemblables au double du
rectangle. Donc les hypotenuſes ſeront faictes de la ſomme des quarrez par l'affection reguliere des triangles. Partant l'hypotenuſe du premier ſera ſemblable à Aq +— Bq,
du ſecond à Aq —+ Dq, du troiſieme à (B†D)q†Aq
& par conſequent on a ſatisfaict au propoſé.

soit B 3, D 5, A eſt faict 7, & les triangles en nombres ſont ainſi,

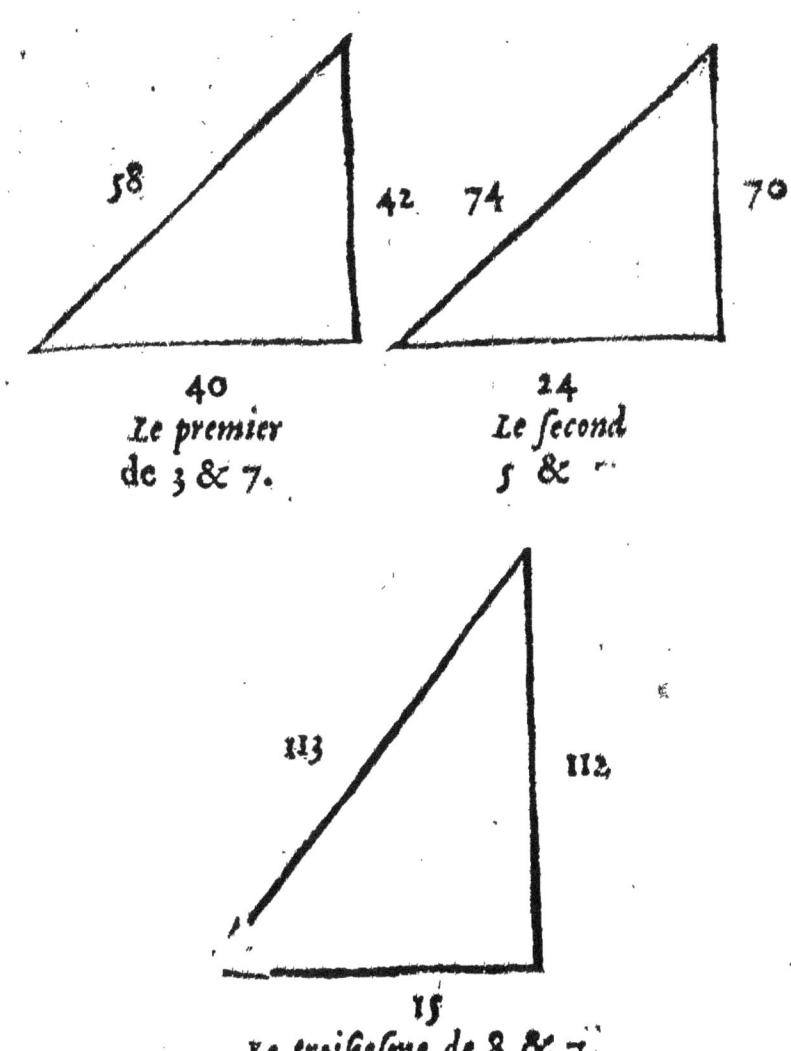

40
Le premier
de 3 & 7.

24
Le ſecond
5 & ⋯

Le troiſieſme de 8 & 7.

Et l'aire commune des trois est 840.

SCHOLIE.

a Vasset continuant tousiours ces fautes à suiure le latin bien qu'il contredise au sens du Zetetique en ce lieu, il a laissé la transposition de la base du premier en celle du deuxiesme triangle, faisant la base du premier D q + B D & celle du 2. B q + B D, & c'est tout au côtraire, les triangles luy eussent montré sa faute s'il y eust cognu quelque chose, il y a plusieurs autres fautes, dans ce Zetetique que ie laisseray, comme quand il veut dire le quarré de B + D il escript B + D q, qui signifieroit B auec le quarré de D, seulement si il eust enfermé ce binome d'vn demy cercle comme l'autheur faict, il se fust mieux faict entendre.

ZETETIQVE XII.

TRouuer en nombre trois triangles rectangles en sorte que le solide souz les perpendiculaires, soit au solide souz les bases, comme nombre quarré a nombre quarré.

Soit faict vn triangle rectangle en nombre, duquel l'hypotenuse soit Z, la base D, la perpendiculaire B. & soit constitué vn autre triangle de Z & D, & 2 Z D, soit posé pour base, finallement soit faict vn troisieme triangle de Z, & B, & 2 Z B, posés pour base.

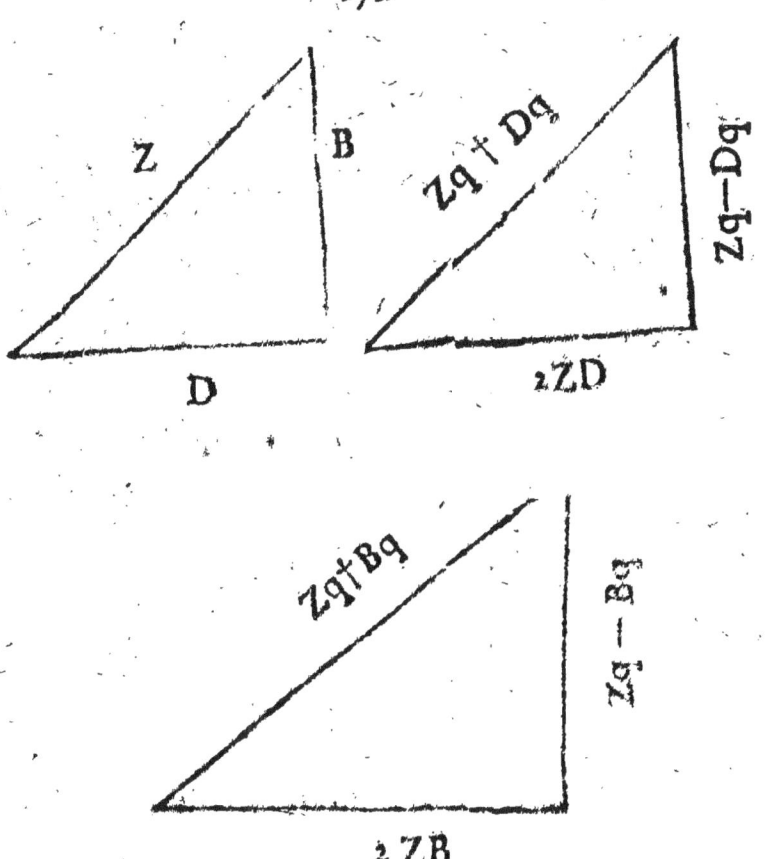

Le solide soubs les perpendiculaires, est au solide souz les bases comme Bq à 4Zq.

Le premier triangle soit	5, 3, 4.
Le second sera	34, 30, 16.
Le troisiesme	41, 40, 9.

Le solide sous les perpendiculaires 4, 16, 9, est au so-lide soubz les bases 3, 30, 40, comme le quarré de 4. au quarré de 10.

SCHOLIE.

Que le solide soubz les perpendiculaires soit au solide sous les bases comme B q à 4 Z q. cela est a-paru

paru, car la perpendiculaire du p^r. est B, du deuxieme Zq—D q. par interpretation ß q. celle du troisieme Zq—B q , par interpretation D q; partant.
le solide faict sous icelles est B B q D q , le solide
faict, sous les bases 4 Z q D q B. qui sont l'vn à
l'autre comme B q à 4 Z q.

Les hypotenuses du deuxieme & troisieme triangle n'ont pas esté conuenablement remarquées par
Vaslet qui les faict estre de Zq seulement, & elles
doibuent estre Zq † Dq & Zq † Bq. Il a la memoire fort courte, d'auoir oublié la constitution des
triangles par deux costez : ce qui l'à trompé c'est la
faute de l'impression latine, ou il n'y a que les mesmes Z q. mais il deuoit supleer au deffaut ; car cecy
ne vient point de l'autheur, mais de la faute de
l'Imprimeur.

ZETETIQVE XIII.

TRouuer en nombre deux triangles
rectangles, en sorte que le plan sous
les perpendiculaires, moins le plan sous les
bases soit quarré.

Soit exposé vn triangle rectangle en nombre, l'hypotenuse duquel soit donné Z, la base D, la perpendiculaire B, en sorte toutefois que le double de la perpendiculaire B, excede la base D. & soit faict vn autre triangle
de 2B & D. ou des racines semblables à icelles & 4BD.
soient posés pour perpendiculaire, apliquant tous les plans

semblables aux costez à D, le plan soubz les perpendicu-
laires diminué du plan soubz les bases restera [a] *D q. ou*
quelque autre semblable à Dq, ainsi que la similitude des
racines auec 2B, & D, aura changé l'operation.

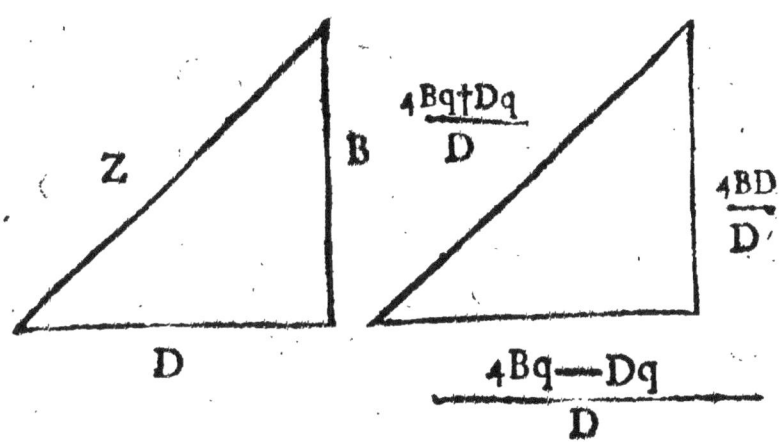

Soit le premier triangle restangle 15 , 9, 12 , le second
sera 73 , 55 , 48. ce qui est faict soubz les perpendiculai-
res 576 , sous les bases 495. la difference 81 , de laquelle
la racine est 9.

SCHOLIE.

[a] Par ces racines semblables l'autheur entend celles qui sont en mesme proportion que 2B à D, com-
me 4B, & 2D, ou bien F & $\frac{D\,F}{2\,B}$; car le triangle en-

gendre de telles racines faisant auec icelles comme
il a esté faict auec 2B & D, la mesme chose arriuera
qu'auparauant.

EXEMPLE.

Le premier demeurant comme dessus Z , D , B.

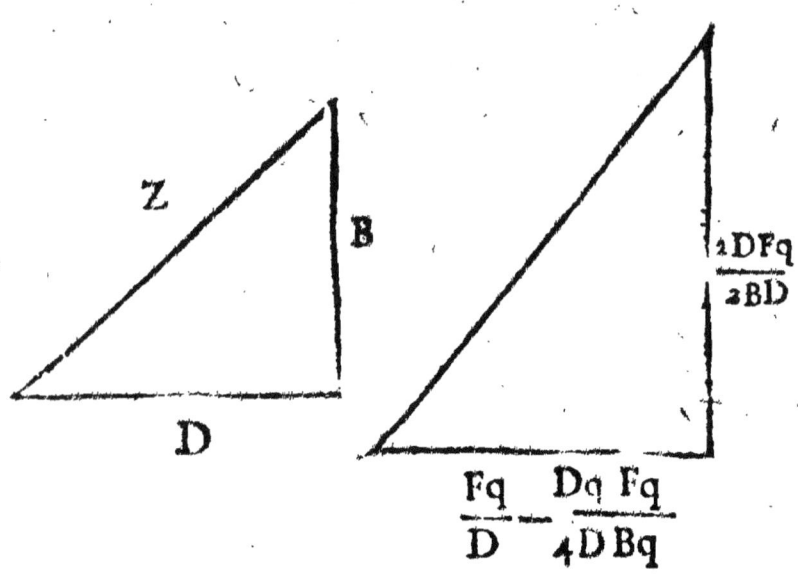

Le second soit faict des racines F *et* $\dfrac{D F}{2 B}$ *et la per-*

pendiculaire sera $\dfrac{2 D F q}{2 B D}$ *la base* $\dfrac{F q}{D q} - \dfrac{D q F q}{4 B q}$ *le*

plan soubz les perpendiculaires est F q *celuy des bases*

$F q - \dfrac{D q F q}{4 B q}$ *qui osté de* F q *restera* $\dfrac{D q F q}{4 B q}$ *qui est quar-*

ré ayant sa racine $\dfrac{D F}{2 B}$.

En nombres le mesme premier triangle soit 15, 9, 12, *que le second triangle soit à faire de deux racines, dont l'une estant* 4. *l'autre sera* 3. *car doublant la perpendiculaire* 12. *faict* 24. *et comme* 24. *est à* 9. *ainsi* 8 *à* 3. *donc de* 8 *et* 3. *ayant faict vn triangle et chacun de ces costez estant apliquez à* 9. *il sera ainsi.*

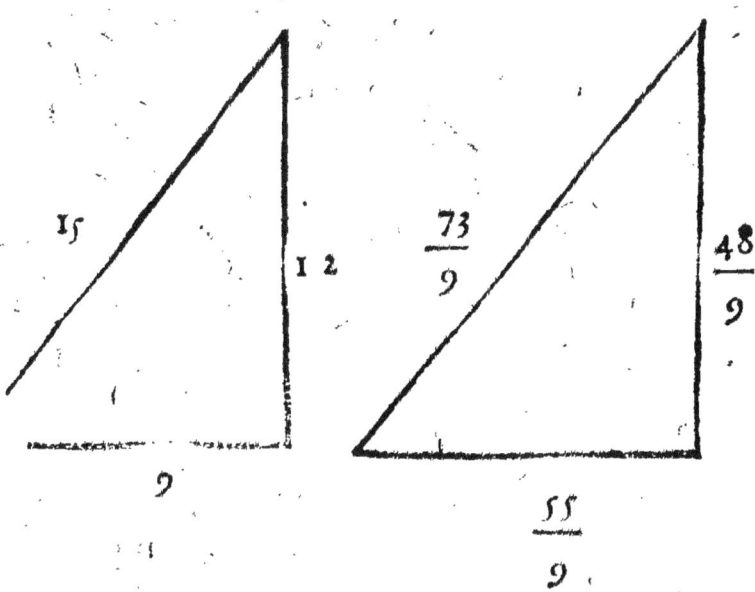

Le rectangle soubz les perpendiculaires 576 celuy des

bases 495 qui osté de 576 reste 81 duquel la racine est $\frac{9}{3}$

ou 3.

2 Vaffet n'a pas entendu cecy; car il auroit escript
D q. au lieu de B q. comme aussi en la base du second triangle il a laissé B q. — D q, qu'il falloit
mettre 4Bq— Dq. mais sa caution est l'Imprimeur
du latin.

ZETETIQVE XIIII.

TRouuer en nombre deux triangles
rectangles, tels que le plan faict soubz

les perpendiculaires adiousté au plan faict
sous les bases, soit quarré.

Soit exposé en nombre quelque triangle rectangle, duquel l'hypotenuse soit donné Z, la base D, la perpendiculaire B, en sorte toutefois que la perpendiculaire B, excede le double de la base D. & soit faict vn autre triangle de B, & 2 D, ² posant 4 B D, pour base, appliquant tous les plans semblables aux costez à B, le plan
sous les perpendiculaires adiousté au plan sous les bases
donné Bq.

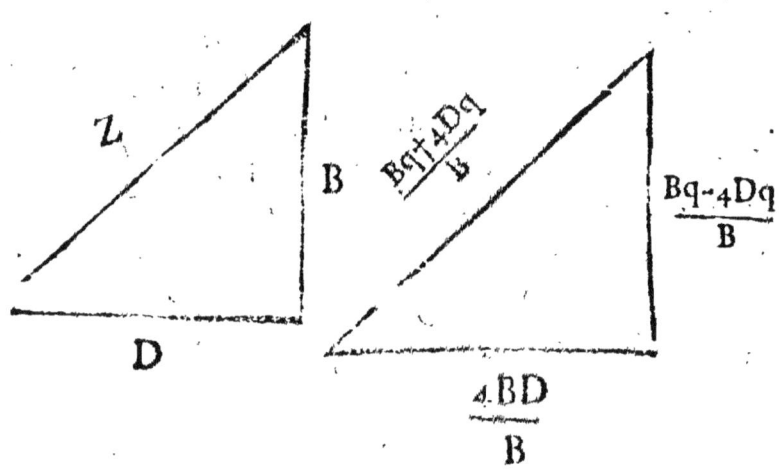

Soit le premier triangle rectangle 13, 12, 5, estant
faict vn triangle de 5, & 6, ᵇ ou d'autres semblables à
10, & 12. comme 30 & 36. le second triangle sera
$\frac{61}{12}$, $\frac{60}{12}$, $\frac{11}{12}$, ou 183, 180, 33. la somme des plans
faicts soubz les perpendiculaires & celuy faict sous les
bases du premier & du deuxiesme, ayant pour hypotenuse 61 est 36, duquel la racine quarrée est 6 & le plan fait
$\frac{1}{1}$ $\frac{2}{2}$
souz les perpendicul. du premier & de celuy-cy, duquel

l'hypotenuse est 183. est 396. qui adiousté au plā fait sous leurs bases est 900, faict 1296. quarré ayant sa racine 36.

a Vasset suiuant le Latin a mis B par 2D pour 4BD, s'il eust regardé pourquoy 2D, ont esté posez moindres que B, il ne fust pas tombé en erreur.

b Il a faict encore vne plus grande faute, lors qu'il s'est fié aux nombres qui sont en cet exemple, par ce qu'ils sont changez, mesmes il y en à qui n'y sont point, comme vous pouuez voir cydessus, vous iugerez si cet exemple deuoit estre laissée embrouillé comme elle estoit.

Vasset a voulu euiter le crime dont son deffenseur dit estre coulpable, tous les traducteurs qui se meslent d'expliquer le sens de leur autheur, en laissant les choses qui sont dans ce Zetetique sans les changer, veritablement si par la creance on deuenoit Mathematicien, il le seroit mesme le plus grand du monde.

ZETETIQVE XV.

T Rouuer en nombre trois triangles rectangles, en sorte que le solide sous les hypotenuses, soit au solide sous les bases, comme nombre quarré à nombre quarré.

Soit exposé vn triangle rectangle en nombre, duquel l'hypotenuse soit Z, la base B, la perpendiculaire D. en sorte toutefois que le double de la base B, excede la perpendiculaire D. et soit fait vn second triangle 2B et de **a** *la*

perpendiculaire D *& 4*BD. *soit posé pour base; fina-*
lement soit l'hypotenuse d'un troisieme triangle semblable
à ce qui est fait sous les hypotenuses du premier & second,
la base du rectangle sous les bases, moins le rectangle sous
les perpendiculaires, par consequent la perpendiculaire à
ce qui est faict des bases par les perpendiculaires alterne-
ment, & le solide sous les hypotenuses, au solide sous les
bases, sera comme quarré à quarré.

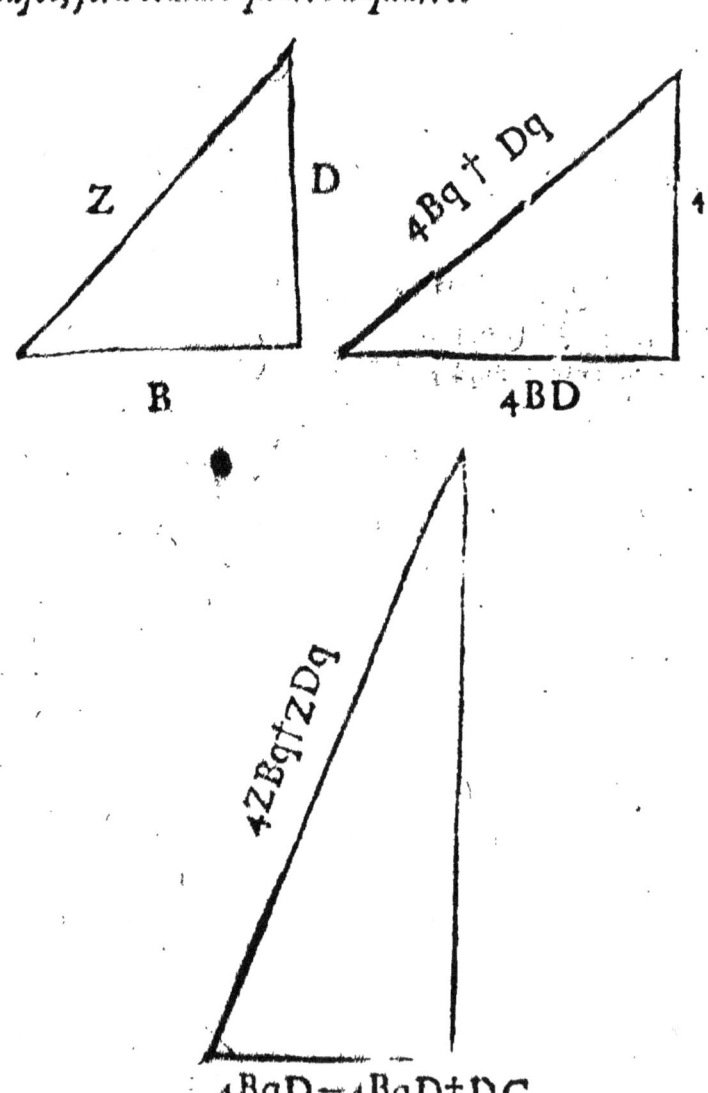

Soit le premier triangle 5 , 3 , 4. le second sera [a] *13 ,*
12 , 5. le troisieme 65 , 16 , 63. Et le solide sous les hypote-
ses sera au solide sous les bases , comme le quarré 65. au
quarré de 24.

    Ou soit exposé vn triangle rectangle en nombre , duquel
l'hypotenuse soit Z la base D , la perpendiculaire B , en
sorte touteffois que la perpendiculaire B , excede le double
de la base D , & celui-la soit le premier , le second soit
faict de B , & 2D , & 4BD pasé pour base.
Finallement l'hypotenuse du troisieme triangle soit faicte
semblable au rectangle sous les hypotenuses du premier
& second : la base au produict des perpendiculaires , plus
celuy des bases. C'est pourquoy la perpendiculaire sera e-
gale à la difference des produicts des bases [b] *& perpendi-*
culaires alternement prises.

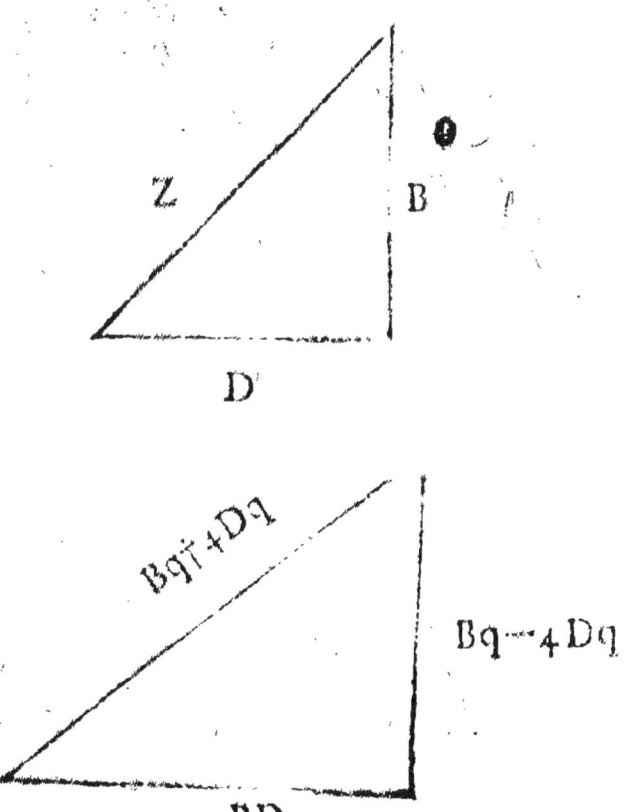

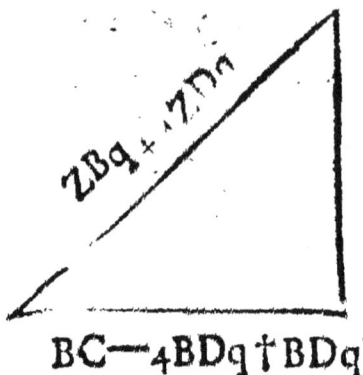

BC—4BDq†BDq.

Le solide sous les hypotenuses sera au solide sous les ba-
ses, comme quarré à quarré.

Soit le premier triangle 13, 5, 12, le second sera 61,
60, 11. le troisieme 793, 432, 665.

Le solide sous les perpendiculaires sera au solide sous
les bases comme le quarré de 793, au quarré de 360.

SCHOLIE.

a Faut changer la base, qui est tant au latin qu'en
la version de Vallet en perpendiculaire.

En ceste premiere opeeration du Zetet. l'autheur
s'est seruy de l'11e. Zetet. precedent affin de trouuer
la base du 3e. estre quarré, si elle estoit appliquée a
D ; car de faict $\frac{4BqD-4BqDq+DC}{D}$, qui est $\frac{DC}{D}$

seroit quarré, lequel d'autant qu'il doit estre multiplié par B, & 4 B D continuemét, ceste aplication
n'a esté necessaire: d'autant que 4 B q D, multipliez
par plus D C font autant que 4 B q D q, par
$\frac{DC}{D}$; & partát ce produit sera quarré, duquel la

racine sera le produit de 2 B D, par D. le solide des
AA

hypotenuſes ſera le quarré de l'hypotenuſe du troiſieme partant entr'eux comme quarré à quarré.

Faut noter que le ſecond triangle n'eſt pas faict des racines D & 2 B. mais ſeulement des ſemblables à icelles.

De meſme la ſeconde operation eſt tiré du 14. Zetetique precedent.

b Vaſſet a faict vne eclipſe *de perpendiculaires*, ayant ſeullement mis, *ſi bien que le perpendicule ſoit egale à la difference des produits ſous les baſes alternatiuement.*

Et au 3ᵉ. triangle il a oublié de changer plus 4 Z D q en plus 4 B D q,

* * *

ZETETIQVE XVI.

T Rouuer *en nombre vn triangle rectangle, duquel l'aire ſoit egale à vne donnée, ſuiuant quelques conditions.*

Comme ſi l'aire eſt donnée $\frac{Bqq - Xqq}{Dq}$ *on feindra vn triangle de* ᵃ Bq *&* Xq *&* les plan-plans des coſtez ſemblables ſeront appliquez à *ᵇ XDB.*

Soit B 3, X 1, D 2, *ſoient donc deux quarrez-quarrez* 8. *&* 1. *La difference des quarrez-quarrez* 80 *donnera l'aire* $\frac{80}{4}$ *c'eſt à dire* 20, *en faiſant le triangle de* 9 *&* 1 *l'aire eſt faite egale à* 720.

C'est pourquoy quant le nombre de l'aire sera pres-
cript, il faudra voir si la mesme chose proposee, simple
ou multipliée, augmentée d'vne vnité ou de quelque
quarré-quarré, fait quarré-quarré.

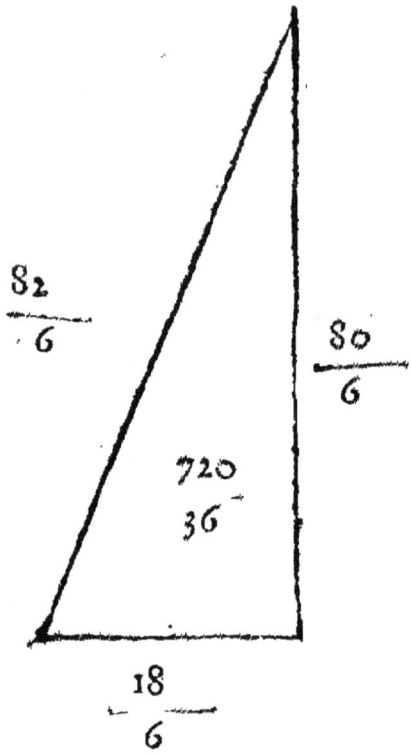

Comme si on proposoit 15, *pour autant que* 15 *auec* 1
faict 16 *quarré-quarré de* 2, *le triangle sera fait de* 4
& 1. [c]

Et si l'aire estoit donnée DCX———XCD *le trian-*
$$\frac{DCX - XCD}{Xq}$$
gle seroit fait de D & X, & *les plans semblables aux*
costez appliquez à X.

Soit D 2, X 1, *l'aire sera* 6, *soit fait vn triangle*
de 2 & 1 & *l'aire sera* 6. *C'est pourquoy quand le*
nombre de l'aire sera donné, il faudra voir si le mesme
nombre simple ou multiplié par vn nombre quarré, est

AA ij

vn nombre cube moins son costé.

Comme proposant 60, *le triangle sera faict de* 4
& 1.

SCHOLIE.

a Vallet ayant suiuy le Latin a mis Bq +― Zq. au
lieu qu'il faut lire Bq & Xq.

b Faut pour 2 X D B, que le mesme traducteur à
posées escrire seulement X D B.

c La mesme chose sera entenduë lors que la super-
ficie sera diuisée par quelque nombre quarré, côme si l'aire estoit 60 diuisée par vn quarré 4 vient
15 nombre quarré-quarré moins l'vnité, partant
le triangle duquel l'aire est 15 aura les costez $\frac{15}{2}$,

$\frac{4}{2}$ & à cause que les triãgles sont en raison doublée

de la raison de leurs costez, les costez du triangle
ayant l'aire 60 seront 15 & 8. & ainsi des autres.

d Et si l'aire estoit 15 d'autant que quatre fois
quinze font soixāte qui est nombre cube moins son
costé, & que l'aire estant 60 le triangle seroit fait
de 4 & 1, comme aussi que l'aire est à l'aire en
raison double du costé au costé, les costez du trian-
gle seront $\frac{15}{2}$ & $\frac{8}{2}$ appliquant ceux du triangle

ayant 60 pour aire à la racine du quarré lequel multipliant 15 fait 60. Les mesmes choses seront faites en la premiere partie de ce Zetetique.

ZETETIQVE XVII.

Rouuer en nombre trois plans pro-
portionnels desquels le moyen ad-
iousté, ou au premier, ou au second, face
quarré.

Le moyen des plans soit Ep, & le premier soit posé
Bq—Ep. Le dernier Gq—Ep. Donc adioustant Ep,
au premier sera fait vn quarré: c'est à dire Bq, pareil-
lement Ep adiousté à Gq—Ep fait quarré, sçauoir
Gq. Il n'est plus question sinon que ces trois plans soient
proportionnaux, & par consequent que le quarré du moyē
soit egal au rectangle des extremes, par laquelle compa-
raison suiuant les preceptes de l'art, on trouuera $\dfrac{Dq\,Gq}{Bq+Gq}$

estre egal à Ep. Dequoy les trois plans proportionnels sont
entr'eux de cette sorte.

$$\text{1.} \qquad\qquad \text{2.} \qquad\qquad \text{3.}$$

$$\frac{B\,q\,q}{Bq+Gq} \qquad \frac{Bq\,Gq}{Bq+Gq} \qquad \frac{G\,q\,q}{Bq+Gq}$$

Soit B 1, G 2, le premier des plans requis sera $\dfrac{2}{5}$
$\dfrac{4}{5}$ *le second* $\dfrac{4}{5}$ *le troisiesme* $\dfrac{16}{5}$ *Le moyen adiousté au*

premier fait 1. & au second 4. les mesmes plans estans
multipliez par vn quarré comme 25, afin d'oster les fra-
ctions & satisfaire au requis, les plans en la condition
demande, seront faits 5, 20, 80.

SCHOLIE.

Vaſſet ſuiuant ſa couſtume met $\frac{1}{3}$ pour $\frac{1}{5}$ à cauſe qu'il la trouué en l'exemplaire Latin, ce n'eſt pas ſa faute.

ZETETIQVE XVIII.

EStans donnez deux cubes, trouuer en nombre deux autres cubes, deſquels la ſomme egale la difference des donnez.

Soient les deux cubes donnez BC, DC, celuy-la plus grand, celuy-cy plus petit. Il faut trouuer deux autres cubes, deſquels la ſomme ſoit egale à BC—DC. Le coſté du premier cube requis ſoit B—A, le coſté du ſecond $\frac{B q A}{D q}$ — D, & ſoient faicts les cubes, & comparez auec BC—DC; on trouuera $\frac{3 D C B}{BC+DC}$ eſtre egaux à A

C'eſt pourquoy le coſté du premier cube requis eſt $\frac{B\,(BC—2DC)}{BC+DC}$, du ſecond $\frac{D\,(2BC—DC)}{BC+DC}$. Et la ſomme d'iceux cubes eſt egale à BC—DC. De ſorte qu'on peut trouuer quatre cubes deſquels le plus grand ſera egal à la ſomme des trois autres : car ayant pris deux coſtez B & D celuy la plus grand, l'autre moindre le coſté du cube compoſé eſt fait ſemblable à B (BC†DC,

le cofté du premier cube particulier, D (BC +— DC.) Le
fecõd B (BC —2DC) Le troifiefme D(2BC—DC.)
il eft euident par le procedé qu'il faut que le cube du
plus grand cofté excede le double du cube du moindre.

Soit B2, D1, le cube du cofté 6, fera egal aux cubes
particuliers faits des racines 3, 4, 5, c'eft pourquoy lors
que le cubo de 6, & 3, feront donnez on exibera les cubes de 4, & 5, la fomme defquels fera egale à la difference des donnez.

SCHOLIE.

* Faut noter que les nombres, 3, 4, 5, 6, font nombres femblables feulement aux coftez deduits de B2,
& D1, & non pas les mefmes: mais ce font les portions d'iceux eftant diuifé par 3.

ZETETIQVE XIX.

Eſtans donnez deux cubes, trouuer
en nombre deux autres cubes, defquels la difference foit egale à la fomme
des donnez.

Soient les cubes donnez, B C, D C, celuy-là plus
grand, celuy-cy plus petit le cofté du premier cube requis
foit ª B+A, du fecond $\frac{BqA—D}{Dq}$, foient trouuez les cubes

d'iceux & comparez à BC+DC; on trouuera ᵇ $\frac{3DCB}{BC-DC}$

eſtre egal à A.

C'eſt pourquoy le coſté du plus grand cube requis ſe-
ra $\frac{B(BC+2DC}{BC—DC}$, du ſecond $^c \frac{D(2BC+DC}{BC—DC}$, & la
difference de ces cubes eſt egale à BC+DC.

De ceſte ſorte en trouuera quatre cubes, deſquels le
plus grand ſera egal aux trois reſtans.

Car ayant pris deux coſtez B & D. celuy-là plus
grand, l'autre moindre, le coſté du cube compoſé eſt faict
ſemblable à B(BC+2D, le coſté du premier des particulieres D(2BC+DC, du ſecond B(BC—DC,
du troiſieſme D (BC—DC.

Soit B 2, D 1, le cube de 20 ſera trouué egal aux cubes particuliers de 17, 14, & 7, c'eſt pourquoy eſtant
donnees les cubes de 14 & 7, on donnera ceux de 20 &
17, & la difference de ceux-cy, ſera egale à la difference de ceux-là.

SCHOLIE.

[a] Faut changer dans la verſion de Vaſſet B 4 A
qu'il a mis pour B+A.

[b] Et DC—DC en BC—DC cela peut eſtre im-
puté à l'Imprimeur; car ces fautes ne ce rencontrent point au Latin.

[c] Mais celle-cy n'eſt pardonnable, & ne peut eſtre
rejettée que ſur le meſme traducteur, ce qui eſt faute de ſçauoir la loy des Homogenes, ayant mis D
par 2BC—D par DC, au lieu de $\frac{D(2BC+DC}{BC—DC}$.

ZETETIQVE

ZETETIQVE XX.

Estans donnez deux cubes, trouuer en nombre deux autres cubes, desquels la difference soit egale à la difference des donnez.

Scient deux cubes donnez BC & CD, celuy-là plus grand, & celuy-cy plus petit. Il faut trouuer deux autres cubes desquels la difference soit egale à BC—DC.

Le cofté du premier cube foit A——D, du fecond $\frac{DqA——D}{Bq}$, & foient trouuez les cubes, & iceux comparez à BC—DC, on trouuera $\frac{3DBC}{BC+DC}$ eftre egaux à A.

C'eft pourquoy le cofté du premier cube fera $\frac{D(2BC—DC}{BC+DC}$, du fecond $\frac{B(2DC—BC}{BC+DC}$, la difference des cubes eft egale à BC—DC.

La mefme chofe arriuera fi le cofté du premier cube requis eftoit pofé B——A du fecond $\frac{D——BEA}{DE}$.

Ainfi on peut trouuer quatre cubes, en forte que deux d'iceux foient egaux aux deux autres.

Car eftant pris deux coftez B & D, celuy-là plus grand, l'autre plus petit, le cofté du premier cube eft fait femblable à D (2 BC—DC, du fecond à B (2 DC—BC, le cofté du troifiefme à B (BC+DC,

BB

celuy du quatriefme D (BC + DC. ou il eſt euident
par le procedé qu'il faut que BC, bien que plus grand
que DC, ſoit neantmoins moindre que 2 DC.

Soit B5, D4, le cube de 252, & de 248, eſt egal au
cube de 5, & 315. C'eſt pourquoy quand les cubes de
315, & 252, on exibera les cubes de 248 & 5, & la
difference de ceux-cy ſera egale à la difference de ceux-
là.

SCHOLIE.

Vaſſet pour vous faire voir qu'il ne ſçait dequoy
l'Autheur veut parler en ce Zetetique laiſſe la poſition du coſté du ſecond cube requis ainſi qu'il la
trouuée, ſçauoir $\dfrac{D q\ A}{B q}$ au lieu qu'il faut qu'elle

ſoit $\dfrac{D q\ A}{B q}$ —D. s'il euſt douté de reſoudre ce
Zetetique par ceſte poſition il euſt recognu ſon erreur.

LE CINQVIESME
LIVRE DES ZETETIQVES.

ZETETIQVE I.

TRouuer en nombre trois plans, con-
stituans vn quarré, & que derechef ioinEts deux à deux facent aussi vn
quarré.

La somme des 3, plans soit le quarré de A+B. sçauoir Aq + 2 BA † Bq. Et le premier auec le second
face Aq. Donc le 3, sera 2 B A † Bq. Le second auec le
troisiesme face le quarré de A—B, qui est Aq —2 B A
+Bq; c'est pourquoy le premier plan sera 4 B A, qui
adiouste au troisiesme plan fait 6 B A +— Bq. Il reste
donc que ce composé du premier & troisiesme plan des
requis soit egal a quarré. Soit icelu y Dq; partant $\frac{Dq - Bq}{6B}$
sera egal à A.

C'est pourquoy le premier plan semblable sera 24 Dq Bq
—24 Bqq, Le deuxiesme Dqq —26 Dq Bq+ 25 Bqq.

BB ij

Le troisiesme 12 Bq Dq+— 24 Bqq.

Soit D 11, B 1, *le premier plan est faict* 2880^b. *Le second* 11520. *Le troisiesme* 1476. *& satisfont aux conditions du Zetetique, mais afin qu'ils seruent encore autrement, qu'ils soient tous diuisez par quelque quarré, comme* 36, *& les plans viendront* 80, 320, 41.

Soit D 6, B 1. *Le premier plan est fait* 840. *Le second* 385. *Le troisiesme* 456.

SCHOLIE.

Encore que l'Autheur ait dit seulement que les plans trouuez estant diuisez par vn quarré pouuoient aussi satisfaire au proposé, neantmoins il faut entendre qu'estant multipliez par vn nombre quarré, ils auront le mesme effet.

[a] Vasset eust assez bien commencé ce Zetetique s'il eust mis 2B par A seulement, au lieu de 2B par 2A. en ostant le 2 à A. [b] Et au contraire s'il eust escrit 2880. pour 2280. qu'il a posez pour vn des plans, ainsi qu'il a aussi posé aux deux Zerct. suiuans il eust mieux faict. Ie croy que ses affaires l'ont empesché de regarder à ces choses & qu'il les eust mises en son errata s'il les eust veuës.

ZETETIQVE II.

Trouuer en nombres trois quarrez, differents entr'eux d'vne egale interualle.

Soit le premier Aq. Le second Aq $+$ 2BA $+$ Bq, donc le troisiesme sera Aq $+$ 4 B A $+$ 2 Bq, duquel le costé estant posé D $-$ A il est faict Dq $-$ 2 D A $+$ Aq egal à Aq $+$ 4BA $+$ 2Bq.

C'est pourquoy $\frac{Dq-2Bq}{2D+4B}$ sera egal à A. donc le premier costé est faict semblable à Dq $-$ 2 Bq. Le second à Dq $+$ 2 DB $+$ 2 Bq. Le troisiesme Dq $+$ 4 D B $+$ 2 Bq.

Soit D 8, B 1, le costé du premier quarré est 62. celuy du second 82. le troisiesme 98. leurs quarrez sont 3844, 6724, 9604. Lesquels estans diuisez par vn quarré, comme 4, vient 961, 1681, 2401, & ces nombres different entr'eux d'egale internalle, ceux-là de 2880, ceux-cy de 720.

BB iij

ZETETIQVE III.

TRouuer en nombre trois plans egalement distans, & que ioints deux
à deux facent vn nombre quarré.

soient pris par le Zetetique precedent trois quarrez
differens entr'eux d'vne egale interualle, & que le premier & moindre soit Bq. le second Bq + Dp. le troisiesme Bq + 2 Dp. Et que le premier & le second
des trois plans æquidistans proposez facent Bq. Le
premier & troisiesme Bq + Dp. Finalement le second
auec le troisiesme Bq + 2 Dp. mais la somme des trois
soit A plan. Donc le troisiesme sera Ap — Bq, le second Ap — Bq — Dp, & le premier Ap — Bq — 2
Dp. C'est pourquoy ces plans seront equidistans; car la
difference du premier & deuxiesme est Dp, comme aussi
du second & troisiesme, il reste maintenant afin que la
somme de ces trois plans qui est 3 Ap — 3 Bq — 3 Dp,
soit egale à Ap, que $\dfrac{3\,Bq + 3\,Dp}{2}$ soit egale à Ap.

Donc le premier plan sera $\dfrac{Bq - Dp}{2}$ son quadruple 2 Bq — 2 Dp.

Le second $\dfrac{Bq + Dp}{2}$ son quadruple 2 Bq + 2 Dp.

Le troisiesme $\dfrac{Bq + 3Dp}{2}$ son quadruple 2 Bq + 6 Dp.

L'interualle, soit entre le premier & le second, soit

entre le second c le troisieſme eſt 4 D p. Le premier
auec le ſecond fait 4 B q. Le premier auec le troiſieſme
4 B q + 4 D p, ce qui eſt quarré par l'hypoteſe pour
autant que B q + D p a eſté propoſé quarré. Le deuxieſme
auec le troiſieſme 4 B q + 8 D p, auſſi quarré par l'hypoteſe B q † 2 D p, ayant eſté ſuppoſé egal à quarré.

Soit B quarré 961. D plan 720. Le premier plan
ſera 482. Le ſecond 3362. Le troiſieſme 6242. leur internalle eſt 2880. Le premier auec le deuxieſme fait le
quarré de 62. c auec le troiſieſme celuy de 82. Finallement le ſecond auec le troiſieſme le quarré de 98.

ZETETIQVE IV.

TRouuer en nombre trois plans, leſquels ioints deux à deux, comme
auſſi tous trois enſembles, auec un plan
donné facent quarré.

Soit le plan donné Z p. Et la ſomme du premier c
ſecond des plans requis ſoit A q + 2 B A q + B q — Z p,
afin qu'adiouſtant à icelle ſomme Z p, elle face le quarré
de A † B. La ſomme du ſecond c du troiſieſme ſoit
A q + 2 D A + D q — Z p. De ſorte qu'y adiouſtant
Z p, la ſomme ſoit le quarré de A + D Mais la ſomme des trois ſoit A q + G A + G q — Z p, afin que
luy adiouſtant Z p, elle face le quarré de A + G, c
quand de ceſte ſomme on oſtera le premier, c le ſecond reſtera pour le troiſieſme plan 2 G A + G q — 2 B A — B q,

Pareillement oſtant d'icelle, la ſomme du ſecond & troiſieſme, reſtera pour le premier 2 GA+Gq—2 DA—Dq:
donc la ſomme du premier & troiſieſme plan auec Zp.
ſera 4GA†2Gq—2BA—Bq—2DA—Dq+Zp,
laquelle doit eſtre egale à vn quarré, ſoit iceluy Fq,
donc $\dfrac{Fq\dagger Dq\dagger Bq—2Gq —Zp}{4G—2B—2D}$ ſera egal à A.

Soit Z plan 3. B 1, D 2, G 3. F 10, A eſt 14, la
ſomme du premier & ſecond plan 222, ſçauoir le quarré
de 15, diminuée de 3. la ſomme du ſecond & troiſieſme
253, quarré de 16, diminué de 3. & la ſomme des trois eſt
286, pour le quarré de 17, diminué de 3. Donc le premier
des plans requis ſera 33, le ſecond 189. le troiſieme 64,
qui donnent ce qui eſt demandé.

ZETETIQVE V.

TRouuer en nombre trois plans, leſquels ioinƐts deux à deux, comme
auſſi tous les trois, diminuez d'vn plan
donné, conſtituent vn quarré.

Le plan donné ſoit Zp, la ſomme du premier &
ſecond ſoit Aq +— Zp, afin que d'icelle eſtant oſté Zp,
reſte le quarré de A. La ſomme du ſecond & troiſieme
Aq+—2BA—+Bq+—Zp à cauſe qu'en ſouſtrayant
Zp d'icelle, le reſte ſera le quarré de A†B. Finalement
la ſomme des trois ſoit pour la meſme raiſon Aq +
2DA+Dq†Zp, afin que d'icelle eſtant oſté Zp le reſte
ſoit

soit le quarré de A+D. *Donc si de la somme des trois on souſtraict la somme du premier & du ſecond, reſtera pour le troiſieſme* 2DA+Dq, *& si de la meſme somme en oſte celle du ſecond & troiſieſme, reſtera pour le premier* 2DA+Dq—2BA—Bq. *& partant la somme du premier & troiſieſme diminuée de* Zp, *ſera* 4DA+2Dq—2BA—Bq—Zp *qui doit eſtre egale à quarré, ſoit icelluy* F q. *donc*

$$\frac{Fq+Bq+Zp—2Dq}{4D—2B}$$

ſera egal à A.

Soit Zp3. B1. D2. F8. A *eſt faict* 10. *la somme du premier & ſecond plan eſt* 103, *quarré de* 10. *pluſ* 3. *La somme du ſecond & troiſieſme* 124, *quarré de* 11, *augmenté de* 3. *La somme des trois* 147, *qui eſt le quarré de* 12, *auquel eſt adiouſté* 3. *Finalement l'aggregé du premier & troiſieſme* 67. *quarré, de* 8, *augmenté de* 3. *Donc le premier des plans requis ſera* 23, *le ſecond* 80. *& le troiſieſme* 44. *qui ſatiſfont au requis.*

SCHOLIE.

Vaſſet attribue ceſte ſomme du premier & troiſieſme plan, diminuée de Zp, au ſecond plan, ce qui eſt contre le propoſé, qui dit que cela doibt faire vn quarré, ce que demonſtre le procedé pour paruenir à l'equatiõ : mais ce qui l'a trõpé c'eſt que *adæquandũ quadrato*, n'eſt pas dãs le texte, & n'eſtant biẽ ſçauant en ceſte ſcience, voyant qu'on parloit de la ſomme du premier & troiſieſme, il l'a concluë egale au ſecond plan.

CC

ZETETIQVE VI.

TRouuer infinis nombres quarrez, chacun defquels adiouftez à ʋn plan
facent quarré, comme auſſi infinis qui diminuez du mefme plan refte ʋn quarré.

Soit Z plan, le plan donné, duquel le quart foit re-
folu en deux coftez, defquels le produit foit le mefme
comme en B, D, & de rechef F, G: c'eft pourquoy 4BD
font egaux à Zp, comme auſſi 4FG. Donc le quarré
de [B—D] eftant adioufté à Zp., c'eft à dire à 4 fois
le rectangle fouz les coftez fera quarré, ſçauoir celuy
de (B†D). Et derechef le quarré de (F—G) adioufté
à Zp fera quarré, qui fera celuy de (F†G): la mefme chofe a auſſi lieu en deux quelconques coftez, à l'ʋn
defquels fera apliqué le quart de Z p, & l'autre viendra
de l'application.

Soit Z plan, 96. le quart duquel eſt 24. qui eſt faicte
fous 1, & 24 ou fous 2, & 12, ou 3, & 8, ou 4, & 6.
& fous vne grande quantité de nombres rompus, ou fra-
ctions. C'eft pourquoy le quarré de 23, adioufté à 96, faict
le quarré de 25, & le quarré de 10 adioufté à 96, faict le
quarré de 14 & le quarré de 5. adioufté à 96 faict le
quarré de 11. & le quarré de 2, adioufté à 96. faict le
quarré de 10. & ainfi des autres.

Au contraire le quarré de (B†D,) diminuë de Zp.
reftera le quarré de (B—D). & le quarré de (F†G)
diminuë de Zp. donnera le quarré de (F—G.

comme 625—96 faict 529. quarré de 23. & 196—96. faict 100 , quarré de 10.

ZETETIQVE VII.

TRouuer trois coste en nombre, de sorte que le plan faict soubz deux d'iceux en quelque façon qu'ils soient pris adiousté à vn plan donné, face vn quarré.

Le plan donné soit Z p. & ce qui est faict sous le premier & second costé soit B q — Z p, affin qu'adioustant Z p, la somme soit quarré, le mesme second costé soit A, le premier sera $\dfrac{Bq - Zp}{A}$ Ce qui est faict souz le second &

troisieme costé pour la mesme cause soit D q — Z p, le second costé demeurant A, le troisieme est faict $\dfrac{Dq - Zp}{A}$

Il ne reste plus sinon que le produit du premier par le troisieme, c'est à dire, de $\dfrac{Dq - Zp}{A}$ par $\dfrac{Bq - Zp}{A}$ adiousté à

Z p face quarré. Or si B q — Z p estoit quarré, comme F q, & D q — Z p. aussi vn quarré tel que G q l'equation seroit accomplie sçauoir en ce cas $\dfrac{Fq\,Gq \dagger ZpAq}{Aq}$ seroit

egal à quarré, ce qui ne seroit pas beaucoup dificile, en feignant le costé de ce quarré estre $\dfrac{FG = HA}{A}$ d'où s'ensuiuroit

que $\dfrac{HFG}{Hq\text{-}\tfrac{1}{2}p}$ seroit egal à A, en ce costé estant $\dfrac{FG\dagger HA}{A}$ la *valeur de* A *seroit* 2HFG *& par cefte fiction* H *quar-*

$$\frac{2p - Hq}{}$$

ré eft plus grand que Z p, *en cefte-cy* Hq, *eft moindre que* Zp. *& foit par l'vne ou l'autre, l'equation fubfiftera tousiours entre* A *&* 2HFG .

$$\overline{Hq = Zp}$$

Mais on peut trouuer infinis quarrez, qui oftez d'vn mefme plan donnent quarrè, & reciproquement infinis qui adiouftez au mefme plan facent aufli quarrè. C'eft pourquoy il n'eft pas libre de prendre Bq, *ou* Dq, *mais feulement tels qu'ils fatisfacent aux conditions, fçauoir eflifant* F *&* G, *au quarrè de chacun defquels adiouftant* Z p *face vn quarrè, comme icy* B q *&* D q, *& ce faifant l'equation expofee aura lieu en quelque façon que ce foit.*

Soit Z , *plan* 192. F8. G2. *foit prife* H6. A *eft* $\frac{16}{13}$ *le*

premier cofté 52. *le fecond* $\frac{16}{13}$. *le troifieme* $\frac{13}{4}$, *le premier*

par le fecond faict 64 , *le fecond par le troifieme* 4. *le premier par le troifieme* 169. *ce qui eft faict fouz le premier & fecond auec* 192 , *eft* 256 , *quarrè de* 16. *ce qui eft faict du fecond & troifieme auec* 192 *eft* 196, *quarrè de* 14. *finalement ce qui eft faict fous le premier & troifieme auec* 192 *eft* 361 *quarre de* 19.

SCHOLIE,

* Vaffet a peché par deffaut ayant obmis. *& eftas igiturut quod fit à primo in tertium, mettant feulement le fecond cofté demeurant* A, *le troifieme eft* $\frac{Dp - Zp}{A}$.

c'eft à dire $\frac{Bq - Zp}{A}$ *par* $\frac{Dq - Zp}{A}$ *voila fa logique.*

• Le mefme copifte n'a pas pris garde que l'autheur a entendu la fupofition de ce quarré eftre faicte de deux fortes, l'vne par la fomme, & l'autre par les differéces, ce que le mefme auteur a fait entendre par des termes expres en la fuite, ainfi. *Et illa effictione preftat vt quadratum ipfi* Z *plano, hac cedit.* Encore il feroit à excufer fi il auoit couchée l'equation en ces propre termes ; mais pour $\dfrac{2HFG}{Hq = Zp}$ fera

egal à A il a mis $\dfrac{H \text{ par } F \text{ par à } G}{A\, Bq = Zp.}$ fera egal à A.

ZETETIQVE VIII.

TRouuer *en nombre trois coftez, en forte que du produit de deux d'iceux en quelque façon qu'ils foient pris eft ofté d'vn plan donné refte quarré.*

foit le plan donne Z p. *er* ce qui eft faict fous le premier *er* fecond foit pofé B q † Zp. affin que Z p. en e-ftant ofté refte Bq, le mefme fecond cofte foit A. donc le premier cofte fera $\dfrac{Bq + Zp}{A}$, ce qui eft fait fous le fecõd *er* troi-fieme pour la mefme caufe foit Dq + Zp. le fecond cofte demeurant A, le troifieme eft $\dfrac{Dq + Zp}{A}$. Il refte mainte-nant que ce qui eft faict fous le premier, *er* le troifieme c'eft à dire de $\dfrac{Bq + Zp}{A}$ par $\dfrac{Dq + Zp}{A}$ diminuë de

Z p. *ſoit quarré.*

Que ſi B q + Z p, *eſtoit quarré, ainſi que* F q , *&*
Dq + Z p. *auſſi q carré tel que* G q. *l'equation ſeroit ac-*
complie;ſçauoir $\dfrac{\text{F q G q} - \text{Z p A q}}{\text{Aq}}$ *ſeroit egal à*

quarré ce qui n'eſt pas beaucoup difficile à reſoudre en ſei-
gnant le coſté de ce quarré $\dfrac{\text{FG} - \text{HA}}{\text{A}}$, *dequoy s'enſuiuroit*

que $\dfrac{2\text{H F G}}{\text{Zp} + \text{HA}}$ *ſeroient egaux à* A.

Mais il eſt permis de trouuer infinis quarrez qui ad-
iouſtez à vn plan donnent quarré & reciproquement infi-
nis, deſquels eſtant oſté le meſme plan reſte quarré. C'eſt
pourquoy il n'eſt pas au choix d'eſlire B q *&* Dq, *mais il*
faut les prendre tels qu'ils s'accordent auec les conditions:
en eliſant les coſtez F *&* G, *en ſorte que le quarré de cha-*
cun d'iceux moins Z p. *facent quarré, comme en ce lieu*
B q *&* D q. *par ainſi l'equation qui eſt expoſée aura*
lieu.

ſoit Z *plan,* 40. F 7. G 11. B *eſt faict* 3 *&* D 9.*ſoit*
pris H 24. A *eſt faict* 6. *le premier coſté* $\underline{49}$. *le ſecond* 6,
$$6$$

& le troiſieme $\underline{121}$ *ce qui eſt faict du premier par le ſecond*
$$6$$

49,*qui diminuë de* 40.*reſte* 9. *nombre quarré,& le pro-*
duit du ſecond par le troiſieme 121. *duquel oſté* 40. *reſte*
81 *nōbre quarré, le produit du premier par le troiſieme eſt*
5929 *qui diminuë de* $\underline{1440}$ *c'eſt* 40. *reſte* $\underline{4489}$ *nom-*
$\underline{36}\underline{36}\underline{36}$

bre quarré duquel la racine eſt $\underline{67}$.
$$6$$

ZETETIQVE IX.

TRouuer en nombre *un triangle rectangle, duquel l'aire adiousté à *un
plan donné composé de deux quarrez face
un quarré.

Le plan donné soit Zp composé de Bq *&* Dq. soit suposé *un triangle rectangle du quarré de la somme des costez B, D. *&* du quarré de leur difference; donc l'hypote-
nuse semblable sera 2 Bqq + 12 Bq Dq + 2 D qq, la
base ≛ 8 BD Zp. la perpēdiculaire le produit du quarré de
(B + D) par 2 fois le quarré de (B — D) le tout apliqué
à (B†D) par 2 fois le quarré (B—D) l'aire semblable
sera 2 B D Zp adioustez-y Zp. pour autant que le quarré

$$\frac{(B-D)q}{de(B-D)+2BD}$$ est egal au quarré de B *&* D c'est à
dire egale à Z plan, la somme sera $\dfrac{Zpp}{(B-D)q}$ quarré de $\dfrac{Zp}{B-D}$.

Soit Z plan 5, D 1, B 2. le triangle rectangle sera de ceste sorte l'aire $\dfrac{720}{36}$ c'est à dire 20. adioustes-y 5, la somme
est 25, duquel la racine quarrée est 5.

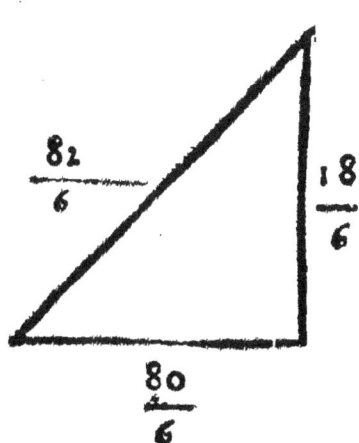

$$\frac{82}{6} \qquad \frac{18}{6}$$

$$\frac{80}{6}$$

SCHOLIE.

Dans le texte de l'autheur il y a seulement BDZp que Vasset a suiuy, aymant mieux faillir que de corriger vne faute d'impression, ou bien faulte d'examiner le Zetetique.

Au triangle les nombres sont mal cottés tant au latin qu'en la version de Vasset & doiuent estre $\frac{82}{6}$,

$\frac{80}{6}$, $\frac{18}{6}$.

ZETETIQVE X.

T Rouuer en nombre *vn triangle reEtangle, l'aire duquel diminuée d'vn plan donné face vn quarré.*

soit

Soit le plan donné Zp, autrement 2BD, & soit faict vn triangle rectangle du quarré de la somme des costez B, D, & du quarré de la difference d'iceux; donc l'hypotenuse semblable sera 2Bqq+12BqDq+2Dqq. La base 4ZpBq+—4Zp Dq. La perpendiculaire, le quarré de (B+D) par deux quarrez de (B—D). Le tout appliqué à (B +— D) par deux fois le quarré de (B—D), l'aire sera faicte semblable à * $\dfrac{BqZp \dagger DqZp}{B—D)q}$

Souftrayez-en Zp. pour autant que Bq +— Dq— le quarré de (B—D) vaut Zp, le reste sera $\dfrac{Zpp}{B—D)q}$ quarré de $\dfrac{Zp}{D—B}$.

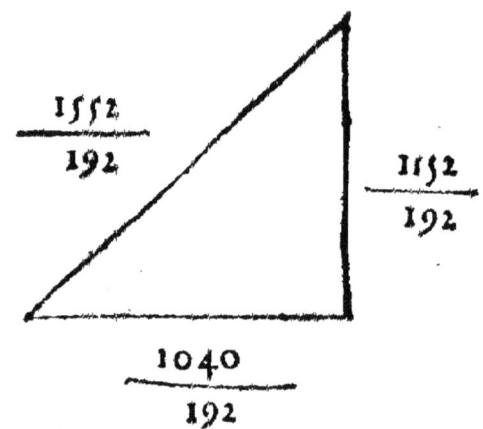

$$\dfrac{1552}{192} \qquad \dfrac{1152}{192}$$

$$\dfrac{1040}{192}$$

Soit D1, B5. pourquoy Zp sera 10. le triangle rectangle sera de ceste sorte, l'aire $\dfrac{599040}{36864}$ de laquelle osté 10 reste $\dfrac{230400}{36864}$ quarré de la racine $\dfrac{480}{192}$ ou $\dfrac{10}{4}$.

SCHOLIE.

* Vallet ayant suivy en ce lieu le vice de l'Imprimeur, posant l'aire estre $\dfrac{BqZp+DqZp}{B+D]q}$, pour

DD

$$\frac{BqZp +\!\!-\, DqZq}{B-D)q}$$ mais au nombre de l'hypotenuse

du triangle, outre le vice de l'impression latine qui pose contre la verité icelle estre $\frac{1452}{192}$, il l'a faict estre

$\frac{1412}{192}$ & elle doibt estre $\frac{1552}{192}$.

ZETETIQVE XI.

TRouuer en nombre *vn triangle rectangle, duquel l'aire ostée d'vn plan donné face quarré.*

Soit le plan donné Z *plan, autrement* 2BD. *Et soit faict vn triangle rectangle de la somme des costez* B, D, *& de la difference d'iceux, l'hypotenuse sera semblable à* $2Bqq +\!\!-\, 12BqDq +\!\!-\, 2Dqq$ *la base à* $4BqZp +\!\!-\, 4DqZp.$ *& la perpendiculaire au quarré de* (B+D) *par deux fois le quarré de* (B—D). *le tout appliqué à* B—D *par deux fois le quarré de* (B†D), *l'aire est faite semblable à* $\dfrac{BqZp+DqZp}{B+D)q}$ *laquelle ostée de* Zp. *pour autant que le quarré de* (B+D). *moins* B†Dq *est egal à* 2BD *le reste sera* $\dfrac{Zpp}{B†D)q}$ *qui est le*

quarré de $\dfrac{Zp}{B+D}$.

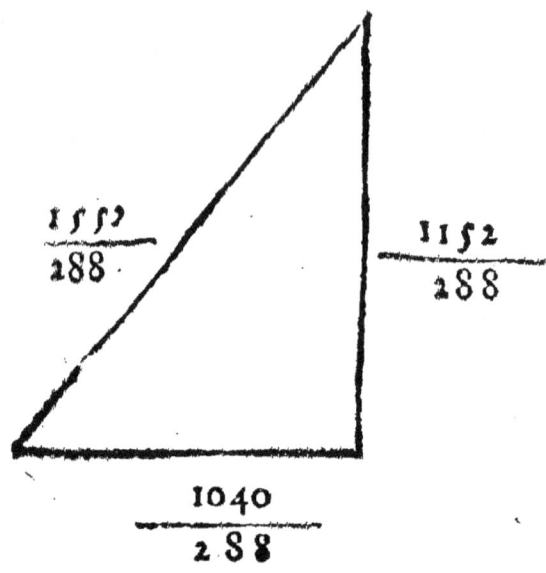

$$\frac{1552}{288} \qquad \frac{1152}{288}$$

$$\frac{1040}{288}$$

foit D 1, B 5, _partant_ Zp 10. _le triangle reſtangle_
fera tel. l'aire $\underline{599040}$ _eſtant oſtée de_ 10, _reſtera_

$$82944$$

$\underline{230400}$ _quarré de la racine_ $\underline{480}$ _ou_ $\underline{5}$.
$\quad 82944 \qquad\qquad\qquad 288 \qquad 3$

ZETETIQVE XII.

TRouuer en nombre trois quarrez,
tels que le plan-plan faiſt ſouz deux
d'iceux, en quelque façon qu'ils ſoient pris
adiouſté au produiſt faiſt de la ſomme
d'iceux par le quarré d'vne longueur donnée, face quarré.

La longueur donnée estant X, *soit le premier quarré* Aq—2XA+Xq, *duquel la racine est* A—X. *le second* Aq, *duquel la racine est* A. *le troisiesme* 4Aq—4XA+4Xq. *Donc le produit du premier par le second, auec le produit de la somme du premier & du second par* Xq, *sera le quarré de la racine plane* Aq—XA+Xq. *Et par le produit du second, & troisiesme, auec celuy de leur somme par* Xq *sera faict le quarré de la racine plane* 2Aq—XA+2Xq. *Et par le produit du premier par le troisiesme auec le produit de leur somme par* Xq *sera faict le quarré de la racine plane* 2Aq—3XA+3Xq. *soit la racine du quarré qui doibt egaler le troisiesme* D—2A, *donc*

$$\frac{Dq—4Xq}{4D—4X} \text{ sera egal à A.}$$

Soit X 3, D 30, A *est* 8. *Donc les quarrez requis sont, le premier* 25, *le second* 64, *le troisiesme* 196, *lesquels satisferont au requis. D'autant que ce qui est faict du premier par le second adiousté à* 801, *faict* 2401, *quarré de* 49. *Derechef ce qui est faict souz le second & le troisiesme, adiousté à* 2340, *faict* 14884, *quarré de* 122. *Finalement ce qui est faict du premier par le troisiesme adiousté à* 1989, *faict* 6889 *quarré de* 83. *Encore si chacun des mesmes quarrez en particulier est adiousté au double du quarré de la longitude donnee, il se fera trois plans, desquels le plan-plan faict souz deux d'iceux diminue du plan-plan faict de leur somme par le quarré de la longueur donnee le reste sera quarré : comme en la supposition* 18 *est le double du quarré de la longueur donnee qui adiousté à chacun des quarrez faict trois plans : Le premier* 43, *le second* 81, *le troisiesme* 214, *lesquels satisferont au requis ; car ce qui est faict du premier & second diminue de* 1125, *le reste*

fera le mefn̄   101. *Et derechef ce qui eft faict du fe-*
cond par le troifiefme diminue de 2664, reftera le mef-
me 14884. & finalement ce qui eft faict du premier
& troifiefme moins 2313 le refte fera le mefme 6889.

SCHOLIE.

Vaffet à mis les mefmes nombres que dans
le texte latin fçauoir 1089 & 6989, pour lefquels
il faut lire 1989, & 6889.

ZETETIQVE XIII.

Coupper vne longueur donnee, en
forte qu'adiouftant au premier fegment B, au fecond D, le produict faict des fommes foit quarré.

Le premier fegment foit A—B, donc l'autre fera
X—A†B. C'eft pourquoy adiouftant B au premier la
fomme fera A, & au fecond D, la fomme fera X—
A†B†D. Partant XA—Aq†BA+DA. doibt eftre
egal à quarré. foit la racine $\frac{S\,A}{X}$ fon quarré eft $\frac{S\,q\,A\,q}{X\,q}$

Donc (X—+B—+D) par $\frac{Xq}{Sq—+Xq}$ fera egal à .A. fuiuant

les pofitions, le premier fegment fera $\frac{XC+DXq—BSq}{Sq—+Xq}$

l'autre $\frac{XSq†BSq—DXq}{Sq+—Xq}$: par confequent, affin que

la fouftraction puiffe eftre faicte il faudra que ª Sq foit

moindre que $\dfrac{XC \dagger XqD}{B}$ mais plus grand que $\dfrac{XqD}{B+X}$.

Soit X 4, B 12, D 20, il faut que Sq. soit moindre que $\dfrac{64+320}{12}$ ou 32. mais plus grand que $\dfrac{320}{12+4}$ c'est à dire 20.

Soit donc ce quarré 25, le premier segment sera $\dfrac{84}{41}$ le second $\dfrac{80}{41}$ celuycy auec celuy qui luy doit estre adiousté sera $\dfrac{900}{41}$ celuy-là $\dfrac{576}{41}$, ce qui sera produict de l'vn par l'au-tre $\dfrac{518400}{1681}$ quarré ayant sa racine $\dfrac{720}{41}$.

Soit X 3, B 6, D 15, il faudra que S q. soit moindre que 18, mais majeur que 11, 1 soit 16. le premier segment sera $\dfrac{18}{2\ 5}$, l'autre $\dfrac{5\ 7}{2\ 5}$ auec leurs adioustez, celuy-cy sera $\dfrac{432}{25}$ celuy-là $\dfrac{243}{25}$ ce qui est faict souz iceux $\dfrac{156816}{625}$ quar-ré ayant pour racine $\dfrac{324}{25}$.

SCHOLIE.

Qu'il soit necessaire que Sq soit moindre que $\dfrac{XC \dashv XqD}{B}$ mais plus grande que $\dfrac{XqD}{B+X}$ il est euident, pour autant que si cela n'estoit $XC \dagger XqD$ ne seroit pas plus grand que SqB. Et partant le pre-mier segment qui est $\dfrac{XC \dashv XqD - SqB}{Sq + Xq}$ seroit vne grandeur priuatiue. Pareillement Sq estant moindre que $\dfrac{XqD}{B+X}$, SqB $\dashv$ SqX seroit moindre que XqD, & par consequent le second segment

$$\frac{BSq + XSq - XqD}{Sq + Xq} \text{ soit grandeur nyée contre}$$

ce qui est requis.

ZETETIQVE XIV.

Faire que *Aq moins G plan soit e-gal à un quarré, lequel soit plus petit que DA & plus grand que BA.*

Soit supposé le quarré de $A-F$, donc $Aq - 2FA \dagger Fq$ sera egal à $Aq - Gp$, & par consequent $\dfrac{Fq + Gq}{2F}$

egal à A: mais pour autant que $Aq - Gp$ est moindre que DA, aussi Aq sera moindre que $DA + Gp$. De rechef $Aq - DA$ sera moindre que Gp; & partant A sera faict moindre $v(\frac{1}{4} Dq + Gp) + \frac{1}{2} D$. Or soit posé S, estre egal à $^{a} v(\frac{1}{4} Dq + Cp) + \frac{1}{4} D$, ou

moindre selon les conditions suiuantes, donc A, sera moindre que S. au contraire, pour autant que $Aq - Gp$, est plus grand que BA, Aq est plus grand $BA + Gp$; c'est pourquoy A est plus grand que $^{b} v(\frac{1}{4} Bq + Gp)$

$+ \frac{1}{2} B.$ & soit posé R, estre egal ou plus grand que

$v(\frac{1}{4} Bq \dagger Gp) + \frac{1}{2} B$. moindre neantmoings que

S, donc A sera plus grand que R, & sera constitué entre S , & le mesme R , affin quil soit aussi entre

$$v\left(\frac{1}{4} Dq + Gp\right) + \frac{1}{2} D \;\&\; v\left(\frac{1}{4} Bq + Gp\right)$$

$$+ \frac{1}{2} B;$$ c'est pourquoy Fq + Gp sera moindre que 2SF,

mais majeur que 2 R F; partant F, ne doit pas estre prise à plaisir; mais telle quelle soit entre les limites constituez, pour le Zetetique soit icelle E ; donc 2SE — Eq, seront plus grands que Gp, d'où vient qu'on prendra F, moindre que S + v(Sq — Gp) au contraire 2RE — Eq seront plus grands que G plan, c'est pourquoy F, sera prise plus grande que R + v(Rq — Gp).

Soit G plan 60, B 5, D 8, A, sera moindre que v 76 + 4, c'est à dire v(Dq + Gp) + $\frac{1}{2}$ D : mais plus grãd que

$$v \frac{295}{4} + \frac{5}{2}$$ c'est v(Bq + Gp) + $\frac{1}{2}$ B. si on prend donc

12, qui sont moindres que v 7 6, + 4, (car la valeur de 12, v 6 4 + 4.) & plus grands que v $\frac{265}{4}$, + $\frac{5}{2}$

& 11, plus grands que v $\frac{265}{4}$ + $\frac{5}{2}$ mais moindre que

12. & qu'on face S 12, & R 11, F, doit par consequent estre prise en sorte quelle soit moindre que 12 + v 84 mais plus grande que 11 + v 61. Or 21 est moindre que 12 + v 84. & 19, majeur que 11 + v 61. C'est pourquoy F sera commodement esleuë 21, ou 19, ou quelque autre nombre rationnel compris entre iceux, soit icelle 20. A. sera 11 $\frac{1}{2}$.

De cecy est tirée la solution du probleme proposé par l'Epigramme Grec suiuant,

„ Ὀκταδράχμυς κỳ πεντεδράχμυς χέας τὶς ἔμιξε,
„   Τοῖς πρπολοῖς ποιεῖν χρησόν ὅτι τε͂αγ μθνος
„ Κỳ τιμην ἀπέδωκεν ὑπὸ πάντων πετράγωνον,
„   Τὰς ὅπιταχθείσας δεξάμθνος μοναδὰς,
„ Καὶ ποιῦντας πάλιν ἕτερόν σε θέρͅδ πετράγωνον,
„   Κτησάμθνον πλευρὰν συν θεμα της χρεδͅν.
„ Ὥτε διάρͅτλον, τὸς ὀκταδράχμυς ποίησον,
„   Καὶ πάλιν τὸς ἑτέρυς, παῖ, λέγε πεντεδράχμυς·

συν θεμα της χρεδͅν	$11\frac{1}{2}$	**A**
πεντεδραχμοι	$6\frac{7}{}$	
ὀκταδραχμοι.	$41\frac{1\ 1}{1\ 2}$	

τιμη πεντεδραχμῶν	$32\frac{1\ 1}{1\ 2}$	**B** in **A**
τιμη ὀκταδραμῶν	$39\frac{1}{3}$	**D** in **A**
τιμη συμπᾶσα	$72\frac{1}{4}$ πετράγωνος	$\begin{bmatrix} \text{A quad.} \\ \text{Z plano} \end{bmatrix}$

μόναδϛ	60	Z planum
προσθεσις τιμῆς κỳ μοναδῶν	$132\frac{1}{4}$	
πετράγωνος κτησάμθνος πλευρὰν·	$11\frac{1}{2}$	A quad.

EXPLICATION.

On propose de deux sortes de vin à meslanger,
la mesure du premier desquels vaut 8. pieces, telles
que les Grecs appelloient drachmes, celle du second 5.

pieces : & le prix de toutes les mesures est vn nombre quarré, lequel adiousté auec vn nôbre, comme
60 faict aussi vn nombre quarré, duquel le costé est
egal à la somme des mesures du vin meslé, on demande combien il a de mesures de chacun prix,
c'est à dire combien au meslangé il y a de mesures
du vin à huict pieces, & combien de celuy à cinq
pieces.

Diophante a traicté ce Zetetique en la derniere que-
stion de son cinquieme liure. C'est pourquoy aussi nous
finirons par iceluy nostre cinquieme liure des zeteti-
ques.

SCHOLIE.

ᵃ Le texte latin est corrompu en ce lieu, & faut entendre pour, *præstare, cedere.* ᵇ & icy *præstare* pour
cedere. Ou bien pour mieux faire n'y mettre n'y l'vn
n'y l'autre, cela est libre d'autant que c'est assez que
de prendre S, egalle ᵃ $v(\frac{1}{4}Dq + Gp) + \frac{1}{2}D$ &

R, à $v(\frac{1}{4}Bq + Gp) + \frac{1}{2}B$, comme n'estant les

especes d'elle mesme rationnelles ny irationnelles
sinon à cause des nôbres que l'on leur attribuë, &
que la suposition de S, egale ou moindre & de R, e-
gale ou plus grand, est afin que le nôbre estant ira-
tiônel on en prenne vn ratiônel selon la condition;
car le nombre de la valeur de $v(\frac{1}{4}Dq + Gp)$

$+ \frac{1}{2}D$, estant rationnel, S sera posé egal à ce

nombre & ainsi de R, ce qui aduiendra posant D,

eftre 28 & B4 & v($\frac{1}{4}$ D + Gp) + $\frac{1}{2}$ D, feroit 30

pour la valeur de S. & R, fera 10.

La raifon, pourquoy S, ne doit pas eftre prife plus grande que v($\frac{1}{4}$ Dq + Gp) + $\frac{1}{2}$ & R, moindre que v($\frac{1}{4}$ Bq + Gp) + $\frac{1}{2}$ B, c'eft qu'ó pourroit ftatuer A, entre S & R, & neanmoins il ne feroit pas cóftitué entre v($\frac{1}{4}$ Dq+Gp) + $\frac{1}{2}$ D, & v($\frac{1}{4}$ Bp + Gp) + $\frac{1}{2}$ B à caufe qu'il pouroit eftre plus grand que v($\frac{1}{4}$ Dq + Gp) + $\frac{1}{2}$ D & moindre que S, &c. ce qui feroit contre les conditions du requis; c'eft pourquoy il faudra prendre S, & R. fuiuant les conditiós que nous auons expofées. Ie m'eftonne d'Anderfon lequel dans fon liure iutitulé, *Exercitationes Mathematicæ, exercitatio quarta,* auquel lieu il a voulu expliquer ce Zetetique, aye fuiui le deffaut, veu que dans les nombres du mefme Zetetique, l'autheur donne à cognoiftre fon intention, lorsqu'il prend 12. moindre que v76+4, & 11. plus grand que v $\frac{265}{4}$ + $\frac{5}{2}$, ce que ledit Anderfon a changé aymant mieux fuiure l'operation & la faute qu'il y auoit dans les efpeces, que de fuiure la verité qui ce rencontre en l'operation des nombres, & croyoit auoir beaucoup faict d'eftendre les limites entre lefquelles doit eftre cóftitué la valeur de F, fçauoir à 23 & 17. par le moyé defquels on ne peut fatisfaire vniuerfelemét au requis, ce qu'eft facile à prouuer; pour

autaht que si F, est posée 17. lors A viendra à valoir,
seulement $10\frac{9}{34}$ & partât hors des limites trouuez

estant moindre que le plus petit d'iceux, qui est
$\sqrt{265}$, † 5. si derechef F, est posé $17\frac{1}{2}$ A, sera lors

$10\frac{65}{140}$ moindre aussi que le plus petit limite, & qui

par consequent ne pourra satisfaire au requis ; on
trouuera vne infinité d'autres nombres constitués
entre les limites d'Anderson qui n'auront pas les
conditions requises, c'est pourquoy son opinion
que S , doit estre pris egal ou plus grand que
$\sqrt{(\frac{1}{4}Dq † Gp)} + \frac{1}{2}D$ & R, egal ou moindre que

$\sqrt{(\frac{1}{4}Bq † Gp)} † \frac{1}{2}B$. doit estre reiettée comme

contraire au desseing de l'autheur, & ne donner v-
niuersellement la solution du Zetetique.

Et ce qui confirme cecy est que les nombres pris
par l'autheur, sont les mesmes que ceux de Diophante sur la mesme question.

b Pour entendre cecy faut côceuoir que 2SE—Eq
soit egal à Hp, donc par la resolution du quarré affecté souz le costé par negation Sq † v (Sq—Hp).
sera egal à E. mais Hp, estant maieure que Gp, aussi S†v(Sq—Gp) sera plus grâd que S†v(Sq—Hp)
c'est à dire que F.

La resolution de ceste affection de negation in-
uerse ce faict en posant 2S, la somme des extremes
de 3 proportionnelles, & le quarré de la moyenne
Hp, & l'vne des extremes est E, la plus grande ou
la moindre, pour trouuer la majeure extreme, on

prend le quarré S, de laquelle on ofte Hp mais fi on
a ofté Gp, & du refte on extraict le cofté lequel adioufté à la mefme S, faict la plus grande extreme
lors que Hp, a efté ofté de Sq, & vne moindre que la
plus grande extreme lors que Gp, a efté ofté du mefme pour les caufes cy deffus dites.

Or pour autant qu'en la refolution, de la negation inuerfe de 2 SE —— Eq : plus grand que G, il ar-
riue deux folutions eftant prifes, comme vne equation de cefte efpece. Il arriuera pour les caufes
cy deffus dictes que S + v (S q — G p) eftant plus
grand que E, c'eft à dire F, en la premiere refolution
au contraire, F fera plus grande que S — v (Sq — Gp)
en la 2e: pareillement R + v (Rq — Gp) eftant moindre que F en la premiere refolutió, en la fecóde R —
v (Rq — Gp) fera plus grand que F, tellement que F
peut eftre efleuë ou entre 12 + v (84). & 11 + v61, ou
bien entre 12 — v84. & 11 — v61 & toute les deux
fatisferont à la queftion les dernieres limites ont e-
fté oubliez dans le texte de l'autheur aufquels il
faut fupleer : que F, eftant efleuë entre 12 — v84: &
11 — v61 ferue au propofé nous en donnerons vne
exemple 3. font plus grands que le moindre limite
12 — v84 & moindre que le plus grand, fi donc 3 eft
pofé la valeur de F. 169 c'eft à dire 11 1 feront e-
gaux à A, comme cy deffus on l'auoit trouué par le
moyen des premiers limites.

Ie n'ay voulu prendre la peine de corriger les fautes que Vaffet a faict en la traduction de ce Zetetique à caufe qu'il en eft fi remply que pour les corriger il faudroit effacer le papier fur lequel ce Zetetique eft Imprimé.

Aduertiſſement.

LE Lecteur ſera aduerty , de coriger quelque fautes qui ont eſté commiſes par l'Imprimeur en ces 5. liures des Zetetiques.

Premierement en la page 24. ligne 17. & 18. pour, & reſtera RF—SB, egal à RF—RD, faut lire SB—SE , eſt egal à RD—RF. ceſte faute ce trouuera corrigée en quelque vns.

Dans le procedé du deuxieme Zetetique du 4e. liure faut entendre pour les ſignes de difference des moins abſoluement.

Quand on trouuera quelque eſpeces enfermez de parenteſes ou bien vne apres icelles & qu'il y aura quelque autre eſpece apres, elle doit entenduë multipliée par celles qui ſont enfermées, comme (D†B)F, c'eſt à dire D, auec B , multiplié par F. s'il y a, q. lors c'eſt à dire le quarré des eſpeces enfermées comme B+D)q. font le quarré de B†D. ſi deuant quelque eſpece ou quelque nombre on rencontre la letre V , cela ſignifie qu'il faut prendre la racine quarrée de l'eſpece ou nombre, eſtant ſeuls, ou bien de pluſieurs coniointemét, ſi apres V, il y a pluſieurs eſpeces ou nombres enfermés entre deux parenteſes, comme v Bp. v28. v (Bq†Gp)

&c. quand apres **V**, ce rencontre **C**, deuant les efpeces ou nombres cela fignifie qu'il faut extraire la racine cubique comme v C18. v CDS , &c.

Pour les autres fautes de l'impreffion lefquelles n'aporte rien de contraire à la fcience, comme les changemens de lettres ou autrement, le Lecteur eft prié de les coriger lors qu'il les trouuera.

F I N.

www.ingramcontent.com/pod-product-compliance
Lightning Source LLC
Chambersburg PA
CBHW070557050526
44396CB00007B/1326